生骨肉
饮食指南
猫狗的生食喂养篇

[澳] 伊恩·毕林赫斯特 —— 著

噜家 —— 译

THE BARF DIET

长江出版传媒 🅚 湖北科学技术出版社

图书在版编目（CIP）数据

生骨肉饮食指南：猫狗的生食喂养篇 /（澳）伊恩·毕林赫斯特著；
噜家译 . — 武汉：湖北科学技术出版社，2019.7（2021.9重印）
ISBN 978-7-5706-0686-3

Ⅰ.①生… Ⅱ.①伊… ②噜… Ⅲ.①猫—饲养管理
②犬—饲养管理 Ⅳ.① S829.3 ② S829.2

中国版本图书馆 CIP 数据核字（2019）第 080012 号

生骨肉饮食指南：猫狗的生食喂养篇
SHENG GUROU YINSHI ZHINAN: MAO GOU DE SHENG SHI WEIYANG PIAN

责任编辑：林 潇 张波军
封面设计：胡 博
出版发行：湖北科学技术出版社
地　　址：武汉市雄楚大街 268 号（湖北出版文化城 B 座 13 ~ 14 层）
邮　　编：430070
电　　话：027-87679468
网　　址：www.hbstp.com.cn
印　　刷：湖北恒泰印务有限公司
邮　　编：430223
字　　数：100 千字
开　　本：880×1230　1/16　6.25 印张
版　　次：2019 年 7 月第 1 版　2021 年 9 月第 3 次印刷
定　　价：58.00 元

（本书如有印装质量问题　可找本社市场部更换）

关于本书 ◖◗

　　《生骨肉饮食指南：猫狗的生食喂养篇》是一本非常适合生骨肉喂养者的入门读物。不过，它也适于兽医、饲养员、驯兽师、铲屎官或者任何其他想要了解猫狗进化式饮食的人。换句话说，本书既为经验丰富的生骨肉达人，也为刚入门的新手提供新颖有趣且有用的信息。

　　《生骨肉饮食指南：猫狗的生食喂养篇》是关于用健康的进化式饮食（即生骨肉饮食）喂养宠物系列丛书的第三本书。它是该系列丛书中第一本关于喂养猫狗的书。它既包含了我的前两本书的重要背景知识，也提供了许多新内容。

　　"BARF"一词代表"符合生物天性的生骨肉饮食（biologically appropriate raw food, BARF）"，有时也被称为"骨头与生食（bones and raw food）"。本书阐述的生骨肉饮食（BARF）是一种简单实用，并且是不利于健康的深加工宠物粮的常见替代品。

本书前半部分（第一章至第四章）为读者提供了进化式饮食（即生骨肉饮食）的可靠科学原理，并概述了以这种方式喂养的宠物可以获得的巨大益处。同时，读者也将明白，为什么给宠物喂养以谷物为主的食品对长期健康是危险的。

本书的后半部分（第五章至第十二章）向读者介绍了各种食谱及其密切相关的实用信息，以协助家庭自制适合猫狗的生骨肉饮食。

再次强调本书的基本主题：以全生食材为基础的进化式饮食喂养宠物，它们会更健康！生骨肉饮食就是为它们漫长的进化过程而专门设计出来的。

关于作者 ◐●

　　伊恩·毕林赫斯特医师（Dr. Ian Billinghurst）是澳大利亚新南威尔士州的一名全科兽医，主要为伴侣动物进行诊疗。毕林赫斯特医师 1966 年毕业于悉尼大学并获得农业科学学士学位，1976 年获得悉尼大学荣誉兽医学士学位。

　　20 世纪 80 年代初，毕林赫斯特医师着手研究针灸和康复疗法，开启了对营养学的研究。这些研究使毕林赫斯特医师意识到，所有药学和外科手术，包括传统以药物治疗为基础的医学模式，都需要正确的营养辅助才能取得最好的疗效，而正确的营养必须基于特定物种的进化式饮食方式。

　　毕林赫斯特医师将上述的感悟，记录在 4 本介绍关于伴侣动物进化式饮食的书籍中，其中包括畅销书 *Give Your Dog a Bone*（1993 年出版）——它"开启"了全球的生骨肉饮食喂养（BARF）运动；*Grow Your Pups with Bones*（1998 年出版）；*The BARF Diet*（2001 年出版）；*Pointing the*

Bone at Cancer（2016 年出版）。

伊恩·毕林赫斯特医师的名字，在某种意义上已经成为猫狗生骨肉喂养的代名词。

毕林赫斯特医师以进化营养学作为治疗工具，并提供全球的咨询服务，撰写了大量关于伴侣动物和自然健康的文章，同时接受了多家有关动物健康问题的电视台和电台访谈——这一切都围绕着进化营养学。他为澳大利亚、新西兰、英国、日本、加拿大、美国等国家的各类社团、养犬协会、兽医和科技学院的学生们提供的进化营养学讲座数不胜数。

致读者

本书的诞生并不是为取代兽医，而是作为兽医咨询建议的补充。对猫狗的疾病诊断治疗和手术操作只能由兽医进行。本书作者不对读者可能做出的宠物饲养或治疗的决定负责。本书中提出的任何建议，均由读者自行决定并承担相应风险。强烈建议读者寻找可靠的兽医资源，以便随时获得宠物护理方面的专业意见。

如何使用这本书

本书的篇幅不长，不会占用您太多的阅读时间。因此，我建议从头开始通读本书。它有一个贯穿始终的主题，帮助你最大限度地领悟、利用本书。

请确保您的手中有一支钢笔、一支铅笔、一支荧光笔，这样您就可以在翻阅本书的过程中进行适当标记。请标出那些与自己特别相关和感兴趣的观点。这相当于创建属于自己的目录索引。

做好准备后，就可以自由地专注于那些您最关心的章节了。

祝您和宠物——身体健康！

伊恩·毕林赫斯特医师

导言 ◐

具有健康意识的铲屎官们越来越热衷于为猫狗自制饮食，他们不再给宠物喂食任何熟食或深加工食品，也不再将谷物作为宠物食品的基础。这些新时代的铲屎官们给猫狗喂生鲜食物，包括生骨肉、蔬菜、内脏和其他健康食品。这种喂养方法被称为"符合生物天性的生骨肉饮食法"，而以这种方式喂养宠物的人则自称"生骨肉达人"。

BARF 是"biologically appropriate raw food"的缩写，既可以表示"符合生物天性的生食"，也可以表示"骨头与生食"，与"呕吐（barf）"毫无关系。"宠物生骨肉饮食法"（简称"生骨肉饮食"）是一种让宠物们回归其进化式饮食的喂养法，这一深奥而又朴素的转变将令我们的伴侣动物受益无穷。

由于在过去的 40 ~ 70 年间（译者注：本书系外文引进翻译图书，本着科学严谨的态度，数据忠于原书。相关时间节点以 2001 年为基准），深加工宠物食品开始被广泛采用，因而"如何给我们的宠物喂生鲜食物"这一曾经的常识，已经成为一门失传的手艺。

然而好消息是，一旦理解了宠物进化的基本原理，制作生骨肉饮食（进化式饮食）就简单多了。生骨肉饮食是对野猫、野狼、野狗所吃生鲜食材的一种复制或模仿，这些食材在肉店和超市很容易采购。

生骨肉饮食最简单的特点就是对生肉和生骨头的钟爱。这些生肉和生骨头包含了宠物需要的几乎所有营养成分，这些营养成分是进化学原理的基本要求，包含了对蛋白质、脂肪、矿物质和维生素的所有需求。

生骨肉饮食最简单的形式是包括 50% 的生肉和 50% 生骨头的"混合肉饼"。这种混合肉饼以生肉和生骨头作为基础，含有一般生肉中没有的营养元素；肉饼中的原料被搅碎并充分混合，以确保宠物无法挑食。生骨肉的基本原则是生鲜，以生肉和生骨头为主，辅以宠物进化所需的其他新鲜食材。

然而，我们正在自我超越！无论您有多少问题，本书都将一一解答！请继续阅读，了解如何用最简单的食材来设计生骨肉饮食，从而让宠物达到极致健康。

目录

第六章　生骨肉的营养补充 **44**

第七章　骨头、致病菌与生骨肉饮食　　72

第十二章 生骨肉饮食的常见问题及解决方案 **140**

第一章
什么是生骨肉饮食?

BARF 一词是指"符合生物天性的生骨肉饮食（biologically appropriate raw food）"，简称"生骨肉饮食"。这是用进化式饮食来喂养猫狗，从而适应它们数百万年来的遗传进化过程的新型宠物饮食。

同样适用于生骨肉饮食理念的术语还包括"进化式饮食（evolutionary diet）"、"自然饮食（natural diet）"和"物种适应饮食（species appropriate diet）"。

> 这些简单基本的生物学逻辑告诉我们，既然宠物身体需要进化式饮食，那就应该用进化式饮食来喂养它们。

生骨肉喂养计划的基本理念

如果我们期待宠物在健康、长寿、身体活动和繁殖等各方面都能发挥它们的遗传潜力，那么当今的宠物饮食就必须尽可能地模仿它们原本的进化式饮食。

宠物的饮食越是偏离它们的进化式饮食，它们就越可能产生诸多健康问题。这就是为什么现今众多基于谷物的宠物食品，无论再怎么研究，都会造成大量健康问题的原因。它们无法与进化式饮食的健康增强属性相媲美。

如果我们能够接受将进化式饮食作为宠物的黄金标准饮食，那么根据进化式饮食的定义，它就是最能促进宠物健康的标准；任何其他喂食标准必然是较低的标准。在了解了这一宠物喂养的原则后，铲屎官们会更容易知道如何去喂养他们的宠物，而宠物健康专家也更愿意推荐进化式饮食。

BARF 也代表着生骨头和生鲜食物

它是为我们的猫猫狗狗们设计的适应它们生物进程的生食饮食的一个特定版本。生骨头及生鲜食物分为猫、狗两个版本。

BARF 食物的制作非常简单

可以用你能买到或找到的所有卫生的生食材——肉、骨头、蔬菜和内脏等——来模仿野生动物的饮食。许多食材在就近的超市里就能找到。

可以用维生素、必需脂肪酸、益生菌、海带、苜蓿粉、各种草药等健康的辅料来进行强化。

一旦你理解了生骨肉饮食法所依据的简单进化原理，你就会发现生骨肉喂养极为简单。

我们的本意并非是要把宠物放归大自然

自然环境对于宠物而言可能危机重重，包括缺乏住所、缺乏医疗和外科手术、食不果腹，以及来自猎食者或其他动物的危险。

我们要把宠物继续饲养在人为环境中，包括定期洗澡和梳理、训练、庇护、关爱、定期驱虫、接种疫苗，以及在需要时给予医疗和手术干预。我们这里要研究的只是如何让人为环境条件中的食物变得更自然；当然，我们也不该指望着宠物去自行捕食。

我们应该着手为宠物提供专为它们身体设计的食物类型——未经加工、外形完整、均衡搭配、分量适宜，就像它们在自然环境中所获得的食物那样。

> 1993 年，我的第一本书 *Give Your Dog a Bone* 向世界介绍了生骨肉饮食。

BARF 理念立即得到宠物饲养者的一致认可，并且现在也已经深入"干粮主义者"的心里。该理念令有健康意识的铲屎官对当今宠物中出现的大量退行性疾病感到震惊，于是对越来越多的宠物成功地采用了"生骨肉饮食计划"。

自 20 世纪 90 年代初以来，这项针对宠物猫狗的革命性喂养计划已经席卷了澳大利亚、新西兰、英国等国家，以及欧洲大陆和北美地区。伴随着这种宠物生食运动的流行推广，宠物们的健康状况似乎奇迹般地得到了改善，甚至超出了广大支持者们的预期。

生骨肉饮食计划与其说是革命性的，不如说是进化式的

因为生骨肉饮食计划是基于我们的宠物已经吃了数百万年的食物，所以对宠物来说，它绝不是彻底颠覆。BARF 实

际上是对生物学上更合适的喂养方法的一种回归，这种喂养方法在六七十年前——深加工宠物食品取代传统方法的时候，被人们遗忘了。

进化式饮食有何神奇之处？

道理很简单！任何机器想要正常工作，就必须采用原厂推荐的燃料、润滑剂和备件。任何不足都会导致机器发生故障。我们宠物的身体也遵循这样的原理。它们天生的生理结构决定了它们需要进化式饮食。这是"原厂建议"，也是令宠物健康、长寿和保持生育能力的最佳方案。

没有原始祖先那样的食物，宠物的身体状况就会失衡

当我们的宠物被迫放弃进化式饮食，转而食用深加工宠物食品时，身体由于无法承受这种突然变化而遭受生物学损害。这一问题至今仍然存在，宠物不会因为吃了几十年的深加工食品而改变其基本生理功能。这种在生物学上与宠物全然不配的饮食是应该避免的。

好消息是，通过以生骨肉喂养，我们的宠物可以恢复到极佳的健康，而过去那种需要不断看兽医的生活也将一去不复返。

BARF 带来超级福利！

这是最少的疾病与最佳的生长、健康、生育力和长寿的完美结合。

采用生骨肉饮食的宠物往往没有牙齿问题、皮肤问题、耳朵问题、眼睛问题、肠道问题、肾和心脏问题、胰腺和肝脏问题，以及免疫系统问题。生骨肉喂养的宠物一生中患传染病和退行性疾病的概率将大大减少。它们很少患癌症。这种健康状态会一直保持到老年阶段。

生骨肉饮食能令宠物生长和身体发育达到完美巅峰。

> 作为一般规律，当以生骨肉喂养时，宠物遗传缺陷的显现机会将会降至最低。

生骨肉饮食能让妊娠期的宠物培育出最优数量的后代，让它们长大后健康、适应良好并且长寿。喂食了生骨肉的宠物妈妈比那些吃深加工宠物粮的宠物妈妈们，一生中会生出更多的健康宝宝。而那些喂食了生骨肉的雄性宠物，即使是在它们年老的时候也会很好地保持繁殖力。

生骨肉喂养的警犬、军犬、赛犬或活动犬，能够最大程度地发挥出其遗传潜力。生病的宠物用生骨肉饮食可能会更快痊愈。上了年纪的宠物改以生骨肉饮食后"又会变年轻了"。

通过用生骨肉喂养绝育的家养猫狗，我们会发现它们非常健康。它们更能成为一个快乐、积极、聪明、机灵、适应性良好的家庭成员——没有任何问题——并且往往在它长寿的一生中都保持这一状态。

我希望，当您读完这本书时，您会意识到，对于我们为宠物制定的所有健康目标而言，生骨肉饮食是唯一最有可能实现这些目标的喂养方式。

在下一章中，您将阅读到宠物转换到生骨肉饮食的一些改变。

第二章
生骨肉饮食创造奇迹！

没错，生骨肉饮食将改善宠物生命质量！

还在犹豫不定是否该学习并启动生骨肉饮食？一旦宠物转换到生骨肉饮食，变化随之而来！有些改善是微妙的，有些则是显而易见的；有些效果是立竿见影的，有些则可能需要几个月甚至几年的时间，甚至有些改善需要几代的时间。但总体来说，这些改变都是向健康方向进行的。

> 我鼓励大家阅读以下健康成效，希望这份清单成为铲屎官改用生骨肉的主要动力。

提升活力

重新点燃生活热情，是爱宠首先出现的变化之一。年轻活泼的狗狗其耐力会得到惊人增长；老年宠物也会"神奇地"回归青春状态，开始溜达、玩球并参与家庭活动，而不是生无可恋、无所事事地躺着。

在猫咪身上也表现出了所有这些特征，只是呈现方式更微妙。

恢复精瘦而强健的体格

多余脂肪的丢失，肌肉质量的增加，不仅令爱宠看上去精神十足，还提高了它的代谢率和运动水平，延长了健康生命期。对狗狗来说，如果你把生骨肉饮食和一些正常而合理的运动相结合，效果会更显著。当然，猫咪大多数时候都是自己锻炼的。

许多牙科问题消失了

这是生骨肉饮食一个很快就能表现出来的特点。爱宠的口腔异味会大为改善，牙垢会消失，取而代之的是白净闪亮的牙齿。所有这些改善并不需要去看宠物牙医或者是给它刷牙。这意味着大大节省了医疗费用，减少了对麻醉剂的需求，最重要的是，宠物拥有了一副不会再从口腔内部传播细菌的好牙口。宠物拥有了这副好牙口，对人类家庭，尤其是对铲屎官来说，也不再那么危险了！

许多皮肤问题消失了

当持续的皮肤问题突然消失，不再需要兽医检查、药物清洗、抗生素、可的松注射和可的松片时，我们可以想到这不是无缘无故发生的。直观的感受就是，爱宠正在炫耀它那色泽深沉而光亮、质感厚重而健康的毛皮大衣，而过去那一身被蚊虫啃咬、满目疮痍的皮毛已经一去不复返了。即使您没有注意到这种改善，兽医或您的朋友们也会指出这一点的！

原本感染的耳朵也康复了

困扰多年的耳朵问题突然消失了。生骨肉饮食使免疫系统正常化，并令其得以增强。生骨肉饮食能很好地平衡必需脂肪酸和其他令免疫系统正常化的营养素，使炎症症状得以缓解，感染得以控制。想象一下：当爱宠发现自己的耳朵不再为痼疾所困扰时，那种感受一定是美滋滋的!

肛囊问题消失了

这反映了免疫系统健康状况的改善。喂食骨头所产生的固体粪便对排空肛门囊是必不可少的。我想您也不喜欢有一只肛周囊肿的狗狗，或者一只肛门不适的猫咪——猫咪也会患肛囊疾病。

关节炎消失了

几个星期到几个月后，您可以在爱宠身上看到更强的活动能力。这就是为什么这么多老年宠物采用生骨肉饮食后焕发新生的部分原因。您可能会发现，您不再需要随时备着既有副作用又昂贵的关节炎药丸"非甾体抗炎药（nsaids）"。每周一次的针灸也可能成为历史。当在生骨肉饮食中添加健康油脂、抗氧化维生素、绿叶蔬菜，并适当去除红肉，将迎来关节炎症状的改善。

尿失禁消失了

也许不是百分之百地治愈了，但足以引起我们的注意。因为尿失禁通常是由激素失调引起的反应，所以当我们换成生骨肉后，尿失禁症状的消失标志着生骨肉饮食具有很好的激素平衡能力。

改善水平衡

这个有趣的改善，在一定程度上与生骨肉饮食的水合作用有关，也与生骨肉饮食的低淀粉与低糖所带来的胰岛素水平降低有关。您会注意到，生骨肉饮食的宠物对饮水的需求小多了。随着时间推移，生骨肉饮食会通过各种机制来防止猫狗的尿液中形成晶体和结石。这还在很大程度上促进了肾脏的健康——肾衰竭是当今宠物死亡的主要原因。

许多生骨肉达人称"干眼症"消失了

这是众多改善中的一个，当宠物切换成生骨肉饮食时，干眼症就会"莫名其妙"地消失。恢复眼泪可能是当即的，也可能需要几个月的时间。宠物的这一显著变化，除了生骨肉之外，没有任何归因可以解释这一现象。

对体内、体外寄生虫的抵抗力获得提升

生骨肉饮食的一个奇妙效果是它增加了宠物对跳蚤和"蠕虫"（肠道寄生虫）的抵抗力。一旦你开始以生骨肉喂养，几乎可以保证你会在给宠物驱虫和灭跳蚤的治疗上花费更少的钱。这不仅意味着减轻经济压力，也意味着减轻宠物解毒系统的压力。这是生骨肉饮食对提高免疫系统影响显著的另一个例证。

幼犬的骨骼问题将会消失

如果您是一位养狗人士，并希望狗狗繁育中的髋关节和膝肘发育不良问题消失，那么建议您认真考虑将生骨肉饮食作为幼犬的喂食方式，以此确保骨骼的正常生长。

糖尿病症状也在逐渐消失

由于生骨肉饮食中的碳水化合物含量很低，以生骨肉喂

养的宠物很少患糖尿病也就不足为奇了。当已患有糖尿病的宠物改用生骨肉饮食时，需要的胰岛素就少得多了。胰岛素依赖型猫一旦改用生骨肉饮食，通常恢复正常的可能性非常大。

生殖问题消失了

并不是所有的生殖问题都会在这一代宠物身上消失。然而，在往后三四代的进程中，持续的生骨肉喂养将显著减少生殖问题，改善母犬的健康状况，提高其生育能力、自主分娩的能力和产奶量，赋予后代更强的生存能力。

生骨肉达人称其爱宠发生了令人难以置信的行为改善

以生骨肉喂养的狗狗更安静、更容易训练、更不易出现反复无常和不可预测的行为。不少狗狗训练师拒绝与饮食尚未转换成生骨肉的狗狗共事。吃深加工粮的宠物，其表现出的行为与患有注意力缺陷多动症的儿童相似。

当这些宠物改食生骨肉后，性情的改善通常在数日内就能看到。今天有许多狗狗和它们的家人幸福地生活在一起，然而它们却曾因具有攻击性和不可预测的行为模式而一度生活在"囚笼"中。当它们转到生骨肉饮食喂养时，它们的生活发生了扭转。

如果能把老年宠物的饮食换成生骨肉饮食，通常会发现那些患有退行性疾病的宠物蓦然间变得让人省心了。

生骨肉饮食可减少一系列退行性疾病的影响

以进化式饮食喂养的宠物，会活得比吃深加工宠物粮的同类更久，并且患上困扰着现代宠物们的癌症或任何其他退行性疾病的可能性小很多。

这是一项持续了多年的发现。如果铲屎官们准备进一步调整生骨肉饮食以配合被疾病缠身宠物的治疗疗程，好处就变得更大了。这一好消息适用于多种癌症。多年来，生骨肉饮食在缓解肿瘤方面已经取得了很大成功，包括肥大细胞肿瘤、乳腺肿瘤和淋巴瘤。

我毫不怀疑，随着时间的推移，随着越来越多的铲屎官们为他们患有癌症的宠物采用生骨肉饮食，更广泛的肿瘤缓解情况将被我们记录下来。

在这点上，许多铲屎官将会问：

"怎么能确定我的宠物适合吃生骨肉呢？"

欲知答案，请继续阅读……

第三章
生骨肉饮食适用于猫咪和狗狗吗？

什么样的食物才是现代宠物应该吃的呢？

有一种观点认为，现代宠物再也不能吃全生食物了，认为它们的基本生理功能已经因为驯化以及食用熟食和深加工宠物粮长达 70 年之久而改变了。

宠物当然可以吃全生食物

尽管宠物的外形与性情发生了明显和戏剧性的变化，但它们的基本生理特点却很难因为驯化而发生改变。尽管我们的宠物已经吃了 70 年的深加工宠物粮，但它们不可能在这么短的时间内就失去了它们经过数百万年才形成的特性。要想改变这些生理特性，起码需要几万年的时间！

我们的宠物不仅能够吃进化式饮食，实际上还非常需要这种饮食来保持最佳健康状态。无论从哪种意义上讲，进化饮食都是一门靠谱的科学。

我在过去20年里的喂养试验证明，所有现代宠物完全能够消化和吸收进化式饮食中的成分，包括生肉、生骨肉、新鲜碎蔬菜和内脏。宠物们的消化系统和免疫系统并没有丧失安全处理生食中细菌的能力。

现在，我将向您介绍一些其他的错误观点，这些观点是从"自驯化或引入商品宠物粮以来，宠物的生理已经发生了变化"的想法演变而来的。

您可能会被告知"现代宠物不该喂食人类食物"

说这话的人是否认为您不够聪明、认为您无法为宠物提供健康饮食？他们是否认为人类食物完全不适合作为宠物食品？我希望不会，因为这两个想法太不切实际了。

您之所以会被告知这样的谎言，其中一个原因是，过多的人类食物会扰乱深加工宠物粮市场。不过，如果您不打算用深加工宠物粮喂养宠物，那就没事儿了！很明显，只要能养活我们的孩子和我们自己，我们就能够养活我们的狗狗。这绝不是像研究火箭般的高深科学。

其次，宠物靠吃人类食物繁衍生息已有上万年的历史了。我作为一名宠物医生，经验告诉我，在有益健康的人类食物基础上构建合理的宠物饮食，是一种比以谷物为基础的宠物粮更健康的喂养方式。

> 然而，对宠物来说，黄金标准饮食就是它们的进化式饮食！

专家们可能会说"喂宠物的每一餐都应该是完整而平衡的"

再次强调，这不是全部事实。虽然我们试图让每一餐"完整而平衡"，但对动物来说却不是必要的。

> "完整而平衡"应当作为喂养计划的整体目标——这才是更重要的。

均衡饮食是宠物数百万年来一直采用的饮食方式，这也是人类自我喂食的方式。因此，给宠物喂多种多样的食材以实现营养充足，是一个非常合理的方式。这正是我在第一本

书 *Give Your Dog A Bone* 中最初描绘的生骨肉饮食法。

然而，许多铲屎官虽出于各种原因选择了生骨肉饮食，但却每一餐都试图满足宠物的全部营养需求（有关此操作的更多信息，请转到第九章，在该章中您将学习到如何为猫狗制作"混合肉饼"），这就是 BARF 版本的"完整而平衡"（要更透彻地讨论"全面均衡"的概念，请参阅第八章）。

专家们可能会说"淀粉是宠物均衡饮食所必需的"

这并不属实。大约 70 年前，淀粉作为一种廉价的、"也是主要的"能量源被引入宠物食品中，那时我们开始用煮熟的谷物作为主食来喂养宠物。从那时起，宠物种群中的退行性疾病大量增加。

这是因为宠物突然被喂食了一种与它们进化饮食大相径庭的饮食。科学正在向我们揭示为什么长期的高淀粉饮食会引发如此灾难，主要原因之一就是基于淀粉的饮食会导致血糖慢性升高，而血糖又会导致被称为高胰岛素血症的胰岛素病理性升高。

高胰岛素血症会导致一系列的病理状况，包括糖尿病、肥胖症、关节炎和过度炎症性疾病。高淀粉饮食是诱发癌症的重要原因之一，宠物食品中持续的高淀粉含量不仅毫无必要，而且对健康危害很大，这是我们必须守住的底线。

专家们可能会说"喂养猫狗是一项非常复杂和高难度的任务"

他们会告诉你，在没有得到专家帮助的情况下是当不了铲屎官的，不应该试图喂养宠物。他们会告诉你，研究宠物喂养是宠物食品公司的事儿。这是个错误的观点！数千年来，人们都是在既没有宠物食品公司又从未经过训练的情况下就成功地做到了喂养宠物。一旦懂得了其中的原理，喂养宠物就是那么简单。什么样的喂养原理呢？这就是本书的全部内容，所以，请继续阅读！

第四章
生骨肉饮食的秘诀

记住几句话，秒变专家。

我现在要介绍一些关键词，这些关键词可以用来决定特定食材是否适合作为生骨肉饮食的原料。由于这些关键词涉及宠物自然的进化式的饮食习惯，因此没有谁比宠物自己更能说清楚它们的饮食习惯。下面，我们将就这个重要话题询问猫咪和狗狗。

问问狗狗，我们该如何喂养它

当我们问狗狗，需要喂什么才能模仿它自然的进化式的饮食，也许我们会被告知有七个关键词。这些关键词描述了自然饮食习惯：生食、食肉动物、猎食者、食腐动物、机会主义者、素食主义者和杂食动物。

> 我们的狗狗将解释这些关键字的实际意义，以此精准地决定狗狗该吃什么、不该吃什么。

狗狗告诉我们：它们是生食动物

当我们问野狗时，它们非常耐心地解释说，它们只吃生食，它们的整个新陈代谢系过去和现在都是用来吃生食的。我们家养的狗狗也向我们保证，它们并没有什么两样。

当它们吃生食时，它们的健康状况会显著改善，无数次的喂养试验指出了这一点。狗狗恳请我们：为了它们的健康，大多数（如果可能的话，尽可能地多一些）给它们的食物最好都是以完整的、生的、自然的状态呈现的。

狗狗告诉我们：它们是食肉动物

狗狗告诉我们它们像狼，喜欢吃其他动物，喜欢吃内脏、肉、骨头和其他动物食材。每个品种的狗都告诉我们相同的故事，从吉娃娃到大丹犬，以及其他各种狗狗。狗狗恳请我们给它喂食含有多种动物不同部位的饮食——这就是它们想要的。

——但我们会这么做吗？我希望会！

狗狗告诉我们：它们是素食者

野狗喜欢吃猎物的肚子和肠道内容物，肠道内容物温暖多汁并经过发酵，这也是野狗吃蔬菜的途径。现代的狗，如果有机会，会告诉我们完全相同的故事。此外，我们的狗狗还喜欢水果，它们会在果园里觅食，会在堆肥堆上用餐。

所有这一切都要求将非淀粉类蔬菜和水果纳入宠物们的食谱。它们要的是成熟甚至熟过了的水果（但不能腐烂）；它们希望蔬菜是生的，但这些新鲜蔬菜必须被粉碎至动物（如羊、兔或鹿）肠道内容物的形态。

狗狗还希望给它的豌豆和豆类要么是煮熟的（不太好），要么是发芽的（极好）。除土豆外，狗狗另一个不想吃的蔬菜就是洋葱。

> 狗狗告诉我们，为了达到最佳健康，它们确实需要蔬菜作为食材，但必须是生的、粉碎的。

狗狗告诉我们：它们是食腐动物

把你的狗狗丢在垃圾场，就可以证明这一事实了。任何一只狗，无论是野生还是家养的，都会吃掉另一只死去动物的腐烂遗骸，包括骨头。狗狗解释说，作为一名大自然清道夫（"一种天生的食腐动物"），它已适应了长期以来的进化式饮食，而且实际上它需要大量的骨头；狗狗还解释说，作为一种食腐动物，它可以安全地处理腐烂和含有细菌的食物。

狗狗告诉我们，作为食腐动物，它们吃土壤和粪便是很正常的。如果检查粪便中的营养物质，我们会发现蛋白质、必需脂肪酸、维生素 B、益生菌和膳食纤维。您一定会认同，这是一份令人大吃一惊的营养素清单。

我们要满足狗狗将粪便作为食物的需求，但不是真的粪便。根据这一需求，我们可以添加优质蛋白（如鸡蛋或干酪）、必需脂肪酸、维生素 B 和益生菌作为补充剂，并将膳食纤维作为饮食的一部分。狗狗食土是为了摄取微量矿物质，为此我们还应在它们的饮食中添加海带和苜蓿。

狗狗告诉我们：它们是猎食者

作为猎食者，狗狗向我们保证，它们喜欢新鲜的、生的、整个动物来源的食物。狗狗告诉我们，它们几乎会吃任何动物：地上跑的 / 爬的、水里游的、天上飞的。狗狗建议我们可以喂它们鱼、昆虫、爬行动物、啮齿类动物、鸟类、猪或任何其他哺乳动物，包括反刍动物，如鹿、羊、牛等。

换句话说，狗狗要求我们喂养来自不同动物的各种新鲜食材。这是非常重要的心声，遗憾的是许多生骨肉实践者只给宠物提供一种食物来源，例如鸡。

> 要想最大限度地利用生骨肉饮食，就请听听狗狗的心声："请给我各种各样新鲜的完整生食吧！"

狗狗告诉我们：它们是机会主义者

狗狗告诉我们，它们会将所有能吃的食物"物尽其用"。它们可以是素食者，吃水果和蔬菜，包括反刍动物的肠道内容物；它们也可以是食肉者，在人类家庭里尽情享用其他动物的肉；在街上游荡的狗会靠垃圾桶里的东西快乐生存，这些流浪狗"喜欢"各种各样的食物——生的、熟的、蔬菜、肉类，以及深加工食品。

作为机会主义者，我们的狗狗告诉我们，它们是非常多才多艺的，每当涉及吃什么，它们的表现总是很好。然而，它们提出的最重要的问题是，食物种类越多、它们的健康状况就越好。这就引出了第七个关键词——杂食动物，即饮食多样性。

狗狗恳请我们提供模仿进化的生鲜饮食，这包括：

· 60% 的生肉和生骨头

· 15% 的碎蔬菜

· 10% 的动物内脏

· 5% 的水果

· 模拟粪便和土壤的辅料

狗狗告诉我们：它们是杂食动物

我们的狗狗告诉我们：它们是食肉动物、素食主义者、食腐动物、猎食者和机会主义者……归根结底就是杂食动物。作为杂食动物，狗狗向我们保证，它们几乎可以吃任何食物，包括绝大多数的人类食物。

狗狗这种吃人类食物的能力是它为什么长久以来一直能作为人类伴侣的原因之一。狗赖以为生的几乎只有我们给它的食物，甚至包括深加工宠物粮！

为了健康，我们的狗狗强烈建议不要给它们喂大量谷物，也不要喂谷物类产品——如深加工狗粮。

既然如此……我们还非要那样做吗？

接下来，我们的猫该如何喂食呢？

问问猫咪，我们该如何喂养

当被问到时，猫咪会给我们留下深刻印象，它们与狗狗略有不同。它们既不是食腐动物也不是素食主义者，更不是杂食动物，但它们肯定是生食者，并且和狗狗一样，它们肯定是不吃五谷的。

猫咪会告诉我们，它们是猎食者和食肉动物，在某种程度上，它们是机会主义者。我们的猫咪还会告诉我们，它们是"情有独钟"的食肉动物，它们的整个"机体设计"迫使它们以肉食为主。

猫咪会告诉我们，要喂养它们，我们需要做的就是设计一种能模仿如家鼠、田鼠等任何小型哺乳动物，以及鸟类的饮食。从营养学的角度，与狗相比，猫咪饮食需要更多的蛋白质和脂肪、更少的蔬菜。猫咪在骨头方面的需求比狗狗略少一些，但需要更多的内脏，尤其是肝脏。它的大部分食物必须源自动物。这意味着为猫设计饮食很简单。

猫咪恳请我们提供模仿进化的生鲜饮食，这包括：

· 75% 的生肉和生骨头

· 15% 的动物内脏

· 5% 的碎蔬菜

· 模拟粪便和土壤的辅料

然而，要让一只成年猫咪改变饮食习惯却可能是另一回事！这就是为什么开始喂养猫咪生骨肉饮食的最佳时间是在幼猫的断奶期。

为了健康，我们的猫咪强烈建议不要给它们大量喂谷物，也不要喂谷物类产品——如深加工猫粮。

既然如此……我们还非要那样做吗？

现在您已经了解进化式饮食的"基本原理"……

接下来我们去了解宠物食品的主要成分，正是它们构成了进化式饮食：生肉、生骨头、蔬菜、动物内脏，以及各种辅料……

第五章
生骨肉饮食的食材

制作生骨肉饮食所需的基本食材。

由于我们没有特殊方法能精确地复制出猫和狗的进化式饮食，所以解决办法就是用各种替代食物（尽可能准确地）模仿这种进化式饮食。

我们可以挑选任何适宜的食材——怎么方便就怎么来，例如从当地超市中购买——来自制进化式饮食。

猫，是一种"情有独钟"的食肉动物和猎食者，它的饮食是以小型哺乳动物或鸟类新鲜完整的躯体为基础的。

> 狗，是一种杂食动物、猎食者和食腐动物，它的饮食是基于猎物的躯体，大部分肉已剥离得所剩无几的躯体，以及一系列源于动物和植物的各种生食。

我们可选择非常简单的食材作为生骨肉饮食的基础，包括生肉、生骨头、脂肪、内脏、蔬菜类食材，以及少量例如油脂、酸奶、海带和各种维生素之类的辅料。

进化式饮食依靠这些生的食材，以一种独特的方式提供营养。我们越是以原始未加工的形式向宠物提供食物，这些食物越是能发挥它们的健康属性。最显著的例子是生骨头，它以一种无可替代的方式提供宠物所需的钙和磷。甚至如何喂水也会对宠物健康产生重大的影响。

现在，让我们看看这些非常简单的食材。

食材一：水（大部分已存在于食物之中）

狗和猫（特别是猫）能在食物中摄取它们所需的大部分水分，这一生理结构特征现象是在进化的压力下被设计出来的。然而，大多数现代宠物吃的是干粮。这是深加工商品粮的另一个在生物学上不适宜的特征，也是宠物健康状况不佳的原因之一，包括肾脏疾病或尿道结石。

您是否愿意接受我的建议——将水作为肉类或蔬菜的一部分整体提供给您的爱宠？此外，还应确保人为补水的水源安全，如采用纯净水。这将使您的爱宠离进化式饮食更近一步，也意味着爱宠朝着健康之巅又迈进了一步。

食材二：生肉和生骨头

在宠物的饮食进化过程中，生肉和生骨头是构成生骨肉饮食的核心食材，现代宠物健康受损的很大原因就是没有吃到生肉和生骨头。

从纯营养的角度来看，生肉和生骨头提供了宠物所需的大部分能量、水、蛋白质、脂肪、矿物质和维生素，以及酶、抗氧化剂和其他抗衰老营养素。

准确地说，生肉和生骨头可以是宠物的唯一食物，可以被认为是一种几乎营养充足、"完整而平衡"的饮食。长期使用这种食物的经验告诉我，有了这种食物，我们的宠物即便不是一辈子，也能在绝大多数时候保持健康。

理想的情况是寻找有机饲养的肉和骨头。如果有机不太可能，那就确保所用的生骨肉是新鲜的、来源可靠的。这些食材即便不是有机的，也远胜烹饪谷物。

除了营养，生肉和生骨头还能维持宠物免疫系统良性运转，保障口腔健康，甚至心理健康。

生肉和生骨头与宠物的蛋白质需求

> 为了最大限度地保障宠物健康，我们应该提供模仿其野生祖先食用的蛋白质。

从现代营养学的角度，评估一种食物作为蛋白质来源时，该食物必须提供高质量的氨基酸评价水平、足量均衡的必需氨基酸，以及最佳消化吸收率。

用生肉和生骨头喂养宠物符合上述所有标准。

从生肉和生骨头中提取的蛋白质在各个方面都优于现代深加工商品粮中的蛋白质。它不会被热破坏，很容易被消化；它不是从动物制品、谷物或豆类中提取出来的；它有足量及均衡的必需氨基酸。基本上，从生骨肉中提取的蛋白质具有很高的生物学价值，积极促进健康。除了生肉和生骨头外，其他优质蛋白的来源还包括鸡蛋、鱼和干酪。

> 为了最大限度地保障宠物健康，我们应该提供和它们祖先相同形式的矿物质。

当食物中含有低质量蛋白质时，出现的问题包括生长或繁殖不正常、贫血、毛发不良、肌肉薄弱、脆弱的免疫系统，以及严重的骨骼和关节问题。换句话说，当饮食中含有劣质蛋白（比如深加工宠物食品）时，你的狗狗或猫咪的任何器官及功能都会很差。

生肉和生骨头与宠物的矿物质需求

宠物的身体被设计成利用骨头作为矿物质的主要来源。它们这样做已经有几百万年了。这是生骨肉可以作为现代宠物主食的一个重要原因，生骨头以一种独特和不可替代的方式为宠物提供平衡的矿物质供应，如钙磷比。

猫狗机体最需要的两种矿物质是钙和磷，其他如锌、镁、锰、碘、硒、铬、铁等，也是必不可少的矿物质。

> 这是因为骨头蕴藏了宠物所需的一切矿物质，这些矿物质不但比例完美、吸收率也堪称完美。这适用于所有品种和年龄的猫狗，包括幼猫幼犬。

如果生肉和生骨头占大多数时，宠物将不会也不可能遭受矿物质的缺乏、失衡或过度。生肉和生骨头保障现代宠物正常生长繁殖，并保持健康直到老去。

除钙以外的易吸收矿物质，也蕴藏在骨头以外的食材中，如肉类、蔬菜、内脏和海藻粉。海藻可作为碘的特别来源。除矿物质之外，生骨肉食材的其他营养物质也是足够的。

生肉和生骨头与宠物的脂肪需求

脂肪是宠物健康饮食的重要部分，也是生骨肉饮食的一个主要能量来源。脂肪酸和蛋白质，构成每一个细胞膜的一部分，并参与身体的大部分生理过程。饮食中没有脂肪就不能继续生活，健康的生活依赖于健康的脂肪。

宠物的祖先从动物（如鸟类、爬行动物、鱼类和昆虫）的骨头、肉、内脏、眼睛、大脑、脊髓、睾丸和肾上腺中，以及猎物的胃肠道食物残渣中，获取健康的、未经深加工的脂肪。尽管生肉和生骨头提供了大部分脂肪，应当注意的是，内脏、腺体和蔬菜碎末也能提供必需脂肪酸。

然而，由于大多数现代农场动物不是按照进化式饮食饲养的（特别是那些用谷物"育肥"的动物），它们的脂肪酸组成并不适合我们的宠物。出于这个原因，有必要适当补充生物学上的脂肪或者油脂作为营养补充剂来完善生骨肉饮食。更多细节见第六章。

要当心在宠物食品中的脂肪或超市货架上的油脂，它们都因热加工而生物利用价值不高。这种变性脂肪会造成生物损伤，从而导致退行性疾病的发生。

一般来说，猫咪比狗狗需要更多的油脂，而且几乎只需要动物性油脂。狗狗通常可以摄取动物和植物来源的油脂，尽管有些特殊品种的或个别的狗狗主要从动物来获取油脂。

在考虑需要给宠物喂食多少骨头的时候，请记住骨头中含有丰富的脂肪。如果宠物超重，那么当然必须少喂脂肪（这通常意味着少吃骨头）；如果宠物体重过轻，那么可能需要额外补充脂肪，而骨头很可能有助于解决这个问题。另外，活动量大的宠物需要更多脂肪，久坐的宠物则需要较少的脂肪。在寒冷的地区或月份则需要较多的脂肪（即意味着更多的骨头）饮食。关于生骨肉饮食的操作性喂养细节，请参见第十一章。

宠物需要多少骨头和肉？

当为宠物提供生骨肉食材的时候，骨头和肉的比例，以狗狗的体重为基础来计算，大约是 1：1；而以猫咪的体重为基础来计算，则应该是 1：2。对猫咪来说，大约75% 的食物应该是生骨肉食材；对狗狗来说，大约 60% 的食物应该是生骨肉食材。这些数据是最接近宠物祖先进化式饮食的比例。

应该喂食哪类生的骨头呢?

最容易获取的骨头是鸡和火鸡的,如翅膀、脖子、背部和躯干;翅膀上的肉与骨、软骨和脂肪的比例通常是理想的;鸡脖子和背上的软骨较多、骨头较少。了解这些特性,再根据宠物需要,我们就可以自行判断该喂哪种部位的骨头了。例如,如果你有一只正在迅速生长的巨型犬,鸡脖子和鸡背的钙含量可能太低(主要是软骨),特别是如果它们来自幼鸡,喂食鸡脖子和鸡背对发育中的巨型犬来说,钙和磷的含量就略显不足。这样,巨型犬幼犬可能会出现缺钙现象,比如前爪"分叉",或是"关节粗大";为了应对这种情况,您应该优先选择翅膀,以及更多其他种类的骨头。

> 避免只喂食一种骨头(如鸡),而放弃别的骨头,除非您有其他更好的理由。

健康问题可能是食物种类太少引起的。在澳大利亚很受欢迎的一种组合是以鸡骨为主,辅以羊排、羊脖和羊腿。各种较小的猪骨也是很好的选择,牛尾和牛排骨也可以使用。可以根据自己所在地区,选择性价比高、小而嫩、健康的肉骨头。

有时也可以喂整鸡，但不要总是拿整鸡来喂养，因为上面没有足够的骨头且肉太多（尤其对于成长期的幼犬）。

骨头也可磨碎后再喂

总体来说，喂整块骨头会有诸多问题，这可能导致您不愿意提供整块骨头，好消息是我们有个在任何情况下都适用的办法，那就是把骨头弄碎。

一些生骨头经常会被卡在狗狗的消化系统或呼吸系统中，然而猫咪很少会出现这种情况。狗狗在非常饥饿或为了保护食物的时候，往往会试图狼吞虎咽地吞下这些骨头。因此铲屎官需要评估狗狗的饥饿状态和它的饮食习惯，然后再为狗狗提供完整的生骨肉食材方案。

无论整块生骨头的喂食风险是潜在的，还是可能实际发生过的，继续喂生骨头仍然非常重要。喂食磨得很碎的骨头要比放弃喂骨头好得多。没有牙齿的老年犬，或者牙齿不能啃骨头的狗狗，也应该被喂以磨到很碎的骨头。当狗狗刚刚转换为生骨肉饮食时，许多初学者都非常小心，会采用磨碎的生骨头；使用碎肉和碎骨头也适用于刚刚转换到生骨肉饮食的猫咪。

有许多合适的磨具可以磨碎骨头，所以请不要让任何与喂食整块骨头有关的潜在风险阻止您去选择生骨肉饮食。

对狗狗来说，需要一个肉更少、骨头更大的生骨头

这些常见于羊、牛、猪或其他大型动物的四肢骨头，有时被称为"龙骨"或者"休闲零食大骨头"。狗狗啃咬这些骨头会在很多方面受益，既促进心理健康，还能清洁牙齿和按摩牙龈；忙于啃咬这些骨头的狗狗，实际上也在锻炼肌肉。从大约三周起，这种饮食锻炼在狗狗生命的每一个阶段都是重要的。

猫咪咀嚼较小的肉骨头，如鸡翅和鸡脖子，也将获得这些益处。

还需要提供瘦肉

可以用鸡肉、牛肉、猪肉、羊肉等，肉的品种越多越好，但肉必须是生的、新鲜的。理想的情况下，就像生骨头一样，它必须来源可靠。这些瘦肉可被直接用来制作特殊版本的生骨肉饮食，在这些版本中需要更多的蛋白质和更少的骨头或脂肪，有时碎骨头也可加到瘦肉版的生骨肉饮食中。

食材三：新鲜水果与蔬菜

家养宠物需要与野生祖先相似的方式来获取碳水化合

物，且保持营养均衡。

对狗狗和猫咪来说，这意味着食物中需要一定比例（狗狗大约需要15%，猫咪大约需要5%）的新鲜的、整个的、生的、非淀粉类的蔬菜和水果，这样做是为了模拟其野生祖先长期以来对植物性食材的摄入，这些植物性食材主要来自野生食草动物（如小型哺乳动物、鸟类和昆虫）的肠道内容物。

应该使用哪些蔬菜和水果呢？

任何时令蔬菜都可以，且是生的。绿叶蔬菜1～2种，如厚皮菜、菠菜、芹菜、卷心菜、白菜、花椰菜、菜花等；草本植物如欧芹等；根类蔬菜如胡萝卜和甜菜根；水果类蔬菜，如西红柿和红黄绿椒。

使用品种多样的时令水果，且是生的，建议采用熟透但不腐烂的水果。可以使用整个苹果、橙子、梨、香蕉、浆果、木瓜、无核杏子或李子、杧果和猕猴桃等。

不同的蔬菜和水果提供不同的营养成分

一定要确保蔬菜和水果已经彻底清洗，以去除化学农药，因为我们是要连皮使用的，而果皮通常也是营养物质最集中的部位。

一定要确保绿叶蔬菜和各种不同颜色的蔬菜混合在一

起，确保不是十字花科（如包心菜）占大多数。如果长期大量进食十字花科的蔬菜，甲状腺机能就会受到抑制。

千万不要给猫咪或狗狗吃洋葱！那样会引起溶血性贫血。避免吃土豆，因为土豆的淀粉含量很高。限制或避免生豆类（如豌豆和黄豆），但豆芽除外。确保只有少量低水平的淀粉类蔬菜（如南瓜），最后建议胡萝卜类等含糖类蔬菜不能太多。

为什么蔬菜和水果如此重要？

新鲜蔬菜和水果对狗狗的健康起着至关重要的作用，对猫咪的重要程度稍轻。它们在犬类健康中的作用，再怎么强调也不为过。蔬菜含有促进健康的可溶性和不溶性膳食纤维，只含有少量淀粉和一些单糖。更重要的是，它们富含维系生命健康的微量营养素，如酶、营养物质、植物活性成分、抗氧化剂、维生素、矿物质和必需脂肪酸等。

> 狗作为杂食动物，其理想食物中大约 15% 是各种各样的"低升糖"绿叶蔬菜和成熟水果。

饮食中含 15% 的蔬果，反映了狗狗祖先的饮食中植物性食材所占的平均比例——无论是古代的还是近代的。这包括广泛分布在地球上的"野狗类"犬科饮食。最近的研究指出，这些"野狗类"犬科动物是介于狼和狗之间的综合体，生物学上称作"缺环"（missing link）。

毫无疑问，猫咪也应该将少量的蔬菜作为日常饮食的一部分，因为在猫咪的饮食中总是有微量的蔬菜。可以肯定的是，蔬菜在猫咪身上扮演的角色与在狗狗身上类似。

> 猫作为一种绝对的食肉动物，在饮食中只需要大约5%的"低升糖"绿叶蔬菜和成熟水果。

这个 5% 的蔬菜水果，是根据猫咪祖先的饮食估算出的比例。

"低升糖食物" 是指不会导致血糖水平快速上升的食物。具体地说，这意味着主要是不含淀粉和不含糖的蔬菜和浆果。在实践中，无论是狗狗还是猫咪，我们都会选择淀粉和糖含量比例较小的绿叶蔬菜。由于水果只占饮食很小的一部分，所以任何水果都可以，除非宠物有肥胖问题或患有糖尿病。在这种情况下，要么去掉水果，要么确保是低升糖的，同时不使用任何含淀粉或含糖的蔬菜。

碾碎新鲜蔬菜对猫狗的重要性

为了宠物健康，新鲜蔬菜需要被彻底碾碎才能被狗狗和猫咪消化和吸收。

要正确碾碎蔬菜，需要额外配备食品加工机或榨汁机，其中榨汁机是更好的选择。从榨汁机中取出蔬菜泥，加入一些蔬菜汁，使蔬菜馅形成一团。为了帮助理解，最初的生骨肉饼就是从鲜榨果汁和蔬菜泥开始的。

> 值得强调的是，蔬菜和水果不可煮熟，并且普通磨碎是不够的，它们必须被充分碾碎，才能模拟猫狗猎物的肠道内容物。

食材四：内脏

狗狗饮食中的 10% ～ 15%、猫咪饮食中的 15% ～ 25%，应该由动物内脏组成，如肝、肾、心脏和胃肠。内脏必须是生的、新鲜的、来源可靠的且没有寄生虫的。在未处理状态下，内脏是营养物质的宝贵来源，包括水（约占内脏的70%）、蛋白质、必需脂肪酸、矿物质、维生素和酶，以及其他珍贵的营养物质，如抗衰老和抗退化因子。这些对猫咪和狗狗来说是非常重要的食物！

食材五：营养补充剂

有时候需要在水、肉骨头、蔬菜和内脏这四种生骨肉饮食的基础食材之外添加营养补充剂。

有很多合理理由支持铲屎官选择营养补充剂来强化宠物饮食。这些理由包括，我们的天然环境因污染造成某些种植土壤的矿物质含量很低，某些地区的原料供应有限，以及个体动物需求存在差异性。造成个体营养需求差异的原因有很多，包括基因遗传、不同的生命阶段或因疾病而造成不同的营养需求等。

常见的营养补充剂包括健康油脂、益生菌、矿物质、维生素、蛋白质、酶、商业营养制剂、植物活性成分、抗氧化剂、抗衰老因子、膳食纤维。我们将在下一章讨论如何使用这些营养补充剂。

第六章
生骨肉的营养补充

充分利用营养补充剂和生骨肉饮食。

在基础的生骨肉饮食中添加营养补充剂可能是一个极好的主意，但也可能是灾难性的，这完全取决于铲屎官对营养补充剂的认知和使用目的。所以当您动添加营养补充剂的念头之前，一定要知道用什么营养补充剂、用什么剂量、对宠物产生什么效果。

使用营养补充剂通常应针对饮食缺陷或特定的健康问题。许多生骨肉实践者经常犯的一个错误是添加了过量的营养补充剂。生骨肉新手在尝试让狗狗或猫咪换成生骨肉以后，通常会以生骨肉食材为基础，添加多种营养补充剂，这些补充剂的添加量甚至超过了生骨肉基础食材。

通过各种自己添加营养补充剂的方式，生骨肉支持者无意中创造出了一种新的生骨肉饮食法。新配方中加入了鸡蛋、干酪、过多的肉类、油脂，甚至还有谷物制品等不适合进化式饮食的食材，这些食材大量取代了生骨肉食材带给宠物的健康益处。这对正在发育的宠物来说可能是灾难性的，因为如果没有足够的生骨头就会导致缺钙。

> 过量添加植物、油脂和维生素，可能会导致宠物拒绝进食，因为这些食物很可能引起宠物肠胃不适。

为什么那么多的生骨肉实践者非要进行过量补充呢？最常见的原因是，他们相信如果没有额外补充，基础的生骨肉饮食不可能实现让宠物健康的目标。不幸的是，在这一点上，许多铲屎官们用不健康的深加工宠物食品作为补充来制作强化版的生骨肉饮食。当然，少量使用深加工宠物食品并不是什么大问题。

另一方面，在日常饮食中持续添加深加工宠物食品，可能会使前期对已初显成效的生骨肉饮食的努力付诸东流，例如，为改善宠物食物过敏或化学过敏的努力。

就个人而言，我们会在自己的宠物饮食中微量添加其他食材。我们家有各种各样的天然健康食材，我们用这些天然健康的食材做成健康的生骨肉饼，再结合不同的动物食材来保持宠物健康。

我们几乎每天都会使用的一种营养补充剂是鳕鱼肝油。需要强调的是，这种使用不是习惯性的或一定要遵循的。现实中我们常因各种原因没有喂成，比如有时忘记、有时没时间、有时不在家、有时找不着宠物、有时是用完了。

我们偶尔会添加海带和益生菌（在本章的尾声将讨论益生菌），我们也会间歇使用鸡蛋来强化它们所需的维生素。当然这也不是固定的习惯性的补充，或随意的喂食。我们从来不会大量添加营养补充剂，尤其是当宠物健康状态不太理想的时候。

在谨慎思考后，让我们继续探索补充生骨肉饮食的合理方法。

合理补充必需脂肪酸

有两种多不饱和脂肪酸是需要添加到生骨肉饮食中的，因为宠物可能无法从日常饮食中摄取到这两种脂肪酸。其中一种是被称为 Omega-6 的必需脂肪酸，另一种是被称为 Omega-3 的必需脂肪酸。若对这两种必需脂肪酸长期缺乏或摄入不均衡，都容易导致宠物患病。

> 不幸的是，现代食品通常缺乏上述一种或两种必需脂肪酸，但有时又过量。

最常见的不平衡是"Omega-6摄入过量"，这不但会引发皮肤问题，更可能导致一系列其他炎症。不管怎样，即使喂食生骨肉，也需要经常补充某种类型的必需脂肪酸。

对于必需脂肪酸，猫狗有着不同需求，让我们先来看看狗狗的需求！

给狗狗添加的必需脂肪酸分为"活性"和"非活性"

"活性必需脂肪酸"可以直接被狗狗吸收，而"非活性必需脂肪酸"则不能。这些必需脂肪酸因子需要狗狗将其转化为活性因子后，才能进行消化、吸收、利用等一系列代谢反应。这种转化只能由消化系统中的酶来完成，但我们并不知道狗狗会不会产生这种酶。有的狗狗可以自行产生转化酶，有的却不行。如果不产生这些酶，那些"非活性必需脂肪酸"就无法发挥重要生理活性功能，进而损害了狗狗的身体健康。

·含"活性Omega-6"的食材包括月见草油、琉璃苣油和黑加仑油。

·含"非活性 Omega-6"的食材包括红花油、葵花籽油和玉米油。

·含"活性 Omega-3"的食材包括鱼肝油和深海鱼油，如三文鱼油。

·含"非活性 Omega-3"的食材包括亚麻籽油和大麻籽油。

为什么这些关键的转化酶会缺失？

将"非活性必需脂肪酸"转化为"活性"的关键转化酶，可能由于以下几个原因丢失。首先是遗传，在过去 2 万年左右的时间里，养在某些地区的犬种体内富含"活性必需脂肪酸"（尤其是 Omega-3），如今可能已经失去了产生这种关键酶的基因。

其他更重要（或更具破坏性）的原因是衰老、病毒感染，以及患有慢性疾病。在大多数深加工食品（包括人类食品和宠物食品）中含有大量的"反式脂肪酸"。我把这些原因归类为更重要的原因，是因为它们在很大程度上是可以预防的。预防的方法就是不要喂深加工宠物粮，改喂进化式饮食，并在必要时补充适当的必需脂肪酸。

健康的幼犬可以补充必需脂肪酸

给幼犬喂含有"非活性必需脂肪酸"食材是没问题的，

因幼犬通常拥有"非活性必需脂肪酸"转化为"活性"的酶系统。换句话说，"非活性必需脂肪酸"在幼犬身上可能效果很好，但在老年犬身上则效果不好。

老年犬或健康欠佳的狗狗需要补充必需脂肪酸

吃了高温加工的脂肪酸产物（如反式脂肪酸等），或（因为遗传）失去将"非活性必需脂肪酸"转化为"活性"能力的狗狗，应该使用活性必需脂肪酸食材。

猫咪只能使用活性必需脂肪酸

这些必需脂肪酸还必须来自动物，而不是植物。所有的生肉，尤其是红肉和鸡蛋，都为猫咪提供所需的"活性 Omega-6"；而鱼肝油和深海鱼油可以为猫咪补充 Omega-3 必需脂肪酸。

同时补充维生素 E

在任何补充必需脂肪酸的情况下，请确保也补充了维生素 E，这一建议对猫狗都是适用的，但大部分猫咪对同时补充维生素 E 的需求更迫切。对体重小于 10 千克（或 20 磅）的宠物来说，维生素 E 的建议剂量为 20 国际单位／千克（或 10 国际单位／磅）；而体重超过 45 千克（或 100 磅）的宠物则建议降低至 10 国际单位 / 千克（或 5 国际单位 / 磅）的剂量。维生素 E 可以预防体内多不饱和脂肪酸的酸败。

在补充必需脂肪酸时采用新鲜油脂

请采用新鲜的、冷藏的、冷榨的"植物来源"油脂和新鲜的、冷藏的"动物来源"油脂。这些油脂都需要避光且密封存放。一旦开封后，这些油脂就必须储存在冰箱里——在任何时候都要避光、密封储存。冷藏的油脂必须在开封后 6～8 周内用完。如果放在冷冻环境下，则可以延长保存期限到 6 个月。

请不要使用时间太长的油脂

因为它们容易酸败而对宠物有危险。另外，请勿使用烹调用过的油，也不要使用超市贩售的普通油，因为这些油是经过热加工处理的。但特级初榨橄榄油（尤其是冷压的）是可以使用的，这是一种健康的油，富含维生素 E 和其他有价值的营养物质，不过这种油不含必需脂肪酸。

过量的 Omega-6

这是现代食品中最常见的问题之一。食用过量 Omega-6 的宠物身体将产生过度的炎症（多见于退行性疾病）、血管收缩（血管收缩导致高血压）、支气管收缩（气道狭窄引起呼吸道疾病）和血小板黏液（容易产生血栓导致中风和心血管疾病）。

这些过量的 Omega-6 极大地加剧了诸如关节炎、心脏、肾脏和肺部疾病、癌症和炎症性皮肤病等问题的产生。这种情况可以通过增加 Omega-3 必需脂肪酸的摄入进行调和。

缺乏 Omega-6

缺乏 Omega-6 将会引起皮肤问题、生殖和生长问题，这种情况可以通过在饮食中增加 Omega-6 解决。鉴于我在本章前面提到的所有原因，建议添加可被利用的必需脂肪酸。

缺乏 Omega-3

缺乏 Omega-3 可能是现代深加工宠物食品中，与必需脂肪酸有关的头号问题。由于 Omega-3 的缺乏，容易产生因 Omega-6 摄取过量而引起的所有健康问题。此外，缺乏 Omega-3 也可能是导致不孕的一个重要原因。最重要的是，缺乏 Omega-3 会影响幼犬和幼猫的神经系统发育。若宠物的神经系统发育不良，容易导致幼犬和幼猫的视力和听力早期衰退、学习障碍和行动不便等问题，这些问题可能会伴随狗狗和猫咪的一生。

当肉类产品缺乏 Omega-3 时

肉类产品缺乏 Omega-3 通常是因为这些肉类来自工业化农场养殖的动物，而不是在自然条件下放牧和觅食的动物。工业化养殖主要靠谷物饲料喂养动物，这导致它们的身体脂肪中含有高水平的饱和脂肪和低水平的必需脂肪酸。因此，工业化农场所养殖的动物的脂肪中几乎没有 Omega-3。

工厂化养殖几乎可以包括人类饲养的每一种动物，当然也包括人类食用的食物。而给宠物的生骨肉食材中，肯定会包括人类食用的食材。

相比之下，野生觅食或散养的动物脂肪中，必需脂肪酸的含量比工业化养殖动物高得多。正是这一最重要的原因，才强烈建议选择有机食材喂养我们的伴侣动物。

Omega-3 的膳食来源

Omega-3 的食物来源包括绿叶蔬菜（富含非活性 Omega-3），有机饲养或放牧饲养动物的肝脏、肾脏等内脏器官。活性 Omega-3 在眼睛、睾丸、肾上腺和大脑等器官中含量特别高。此外，亚麻籽和大麻籽油富含非活性 Omega-3，鱼油富含活性 Omega-3。

过量的 Omega-3

饮食中过量的 Omega-3，通常是因为过量添加亚麻籽油而引起的，Omega-3 过量可能会导致机体出现 Omega-6 缺乏的症状，皮肤问题通常会首先发生。

当补充剂中含有活性 Omega-3

含有活性 Omega-3 的补充剂，如鱼肝油、深海鱼油、三文鱼油，可用于各个年龄段的猫咪和狗狗。

高脂肪牛肉的饮食

如果给狗狗喂食含有高脂肪牛肉的饮食，可能会缺少 Omega-6 和 Omega-3。但用同样配方喂给猫咪，它们只会缺少 Omega-3。

食用大量猪肉或家禽肉

食用大量的猪肉或家禽，可能会导致猫狗缺乏 Omega-3。虽然这些肉含有大量的活性 Omega-6，但对狗狗来说，这等于是不可利用的 Omega-6；换句话说，对于有健康问题的老年犬，在以猪肉和家禽为主的生骨肉饮食配方中，建议补充活性 Omega-6。同时对所有猫狗来说，可能都需要补充 Omega-3。

当使用鱼肝油时……

当喂食鱼肝油时，建议要小心设计鱼肝油配方——因为大量或过量喂食鱼肝油可能会导致维生素 A 和维生素 D 超量。

然而，要强调的是，在实践中要产生过量的维生素 A 是非常困难的。

宠物摄取超量维生素 A 的壮举，通常需要大量含有维生素 A 的食物，如肝、鱼肝油或高剂量的维生素 A 胶囊，并且持续喂食数周、数月甚至数年才可能超量。可是出于谨慎的考虑，补充鱼肝油的安全剂量是按每天给狗狗或猫咪提供 20 ～ 40 国际单位 / 天的维生素 A，来回推导每日需要的鱼肝油安全剂量。当狗狗的体重增加时，它们需要维生素 A 的剂量会降低，反之亦然。而且，只要宠物在怀孕前有足够的维生素 A，那么在怀孕期间最好就不要再补充鱼肝油了。

我推荐除此之外的大多数宠物每日（幼年期宠物可每周一次）补充鱼肝油。

我最强烈的建议是，如果我们不补充其他营养补充剂，只是单纯补充新鲜的鱼肝油，那对猫狗来说就足够完美了。

相比其他，为什么我更多推荐鱼肝油作为补充剂呢？因为鱼肝油相较于其他任何一种营养补充剂，更能帮助解决现代深加工宠物食品所造成的健康问题。鱼肝油还可以提供维

.

生素 A、维生素 D 和活性 Omega-3。

维生素 A 对免疫系统和黏膜健康至关重要，包括胃肠道（消化系统）、泌尿生殖系统（生殖和泌尿）、耳朵和眼睛。

维生素 D 对钙的代谢吸收影响巨大，可以保证骨骼健康。

Omega-3 能平衡饮食中的 Omega-6，从而产生重要的抗炎作用，这是正常生长和发育所必需的，尤其是神经系统。

为了确认鱼肝油的用量——例如在患有某些疾病的情况下——我通常会建议在一两个月内将"最大剂量"增加 1～3 倍，然后恢复正常剂量再使用一个月。在这种情况下，几乎不可能过量使用鱼肝油，而且可以根据宠物的反应来判断鱼肝油量的剂量可以（或应该）喂多长时间。例如，（我们已经多次看到）如果动物的状况在回归正常剂量时出现恶化，则必须保持更长时间的高剂量，"正常"剂量时期相应缩短。

同时添加 Omega-6 和 Omega-3

过量的 Omega-6 会引起炎症。在炎症的情况下，一般的建议是减少 Omega-6（无论是在整体饮食中还是额外的营养补充），同时增加 Omega-3。这完全是一个平衡的问题，不同的宠物和不同的饮食会有不同的平衡结果。

如果狗狗患有严重炎症

如果狗狗患了严重炎症，我指的是发痒等皮肤问题、炎症性肠病、关节炎等，狗狗需要同时补充活性 Omega-6 和 Omega-3。

首先，从饮食中去除所有的红肉，只吃白肉。具体饮食调整如下：

补充活性 Omega-6 和 Omega-3 可以使用 1 份月见草油（含 Omega-6）和 5 份鱼油（含 Omega-3）。

这种混合物的喂食剂量取决于宠物的生活环境，同时考虑特定健康问题、饮食中其他脂肪的水平、宠物的肥胖程度、脂肪耐受性、活动水平等。在这一过程中，您可能需要一个经过专业训练的兽医协助评估。

总体来说，针对严重炎症的鱼油安全剂量为：体重小于 9 千克（20 磅）的宠物，建议补充 180 毫克 / 千克（80 毫克 / 磅）的鱼油；体重超过 45 千克（100 磅）的宠物则降低到 90 毫克 / 千克（40 毫克 / 磅）。

月见草油的喂食量是鱼油重量的五分之一。

如果猫咪患有炎症

喂食白肉取代红肉，补充鱼肝油或鱼油，也可以同时补充两种鱼油。对于 4.5 千克（10 磅）的猫咪，每周可以喂食鱼肝油 0.5 ～ 2 茶匙的量，而鱼油可按每周补充 0.5 ～ 1 茶匙。

破壁亚麻籽对狗狗来说是很好的补充剂

破壁亚麻籽富含非活性 Omega-3，几乎是一种营养全面的食物。它对肠道健康具有良好的作用，还有抗癌功效。破壁亚麻籽可以单独使用，也可以与亚麻油一起使用。有些狗狗要么喂食破壁亚麻籽，要么喂食亚麻籽油，或者二者兼而有之，但可能会出现皮肤瘙痒问题。在这种情况下，你可以用鱼油代替亚麻籽和亚麻籽油，也可以简单地在饮食中添加鱼油而不去除亚麻籽或亚麻油。如果添加鱼油之后狗狗反应良好，你就继续使用这两种油，但是，如果没有足够的好转，请尝试用更多的鱼油替换掉亚麻籽或亚麻籽油。

特级冷压初榨橄榄油

这是另一种健康油。它虽然不含必需脂肪酸，但它含有许多健康的营养成分，包括维生素 E 和叶绿素等，必要时还可作为狗狗的健康能量来源。它还有助于让 Omega-3 和 Omega-6 形成协同，防止 Omega-6 在宠物的身体中产生不健康后果。安全剂量平均为每 9 千克（20 磅）的狗狗每天服用 1 ~ 2 茶匙。

酶，生骨肉饮食的重要组成部分

酶是一种蛋白质，可以控制化学反应，这些化学反应总体构成了动、植物等所有生物的生命反应。所有的活体组织和生鲜食材中都含有丰富的酶。煮熟或加工过的食物让这些维持生命的酶失去活性。在没有被热加工的情况下，仅被机械力作用加工的食物仍然保留着酶的完整活性。

猫和狗在它们数百万年的进化过程中，一直是依赖食物中的酶来帮助消化的。这些酶也部分参与抗衰老机制，同时也有助于维持宠物健康。生骨肉中的酶确保了营养素的代谢和消化。

有时，补充胰消化酶是很重要的。一般来说，将这些酶添加到生骨肉中将有利于动物们面对并改善大多数退行性疾病的症状。相关退行性疾病包括了胰腺炎、胰腺功能不全、糖尿病、关节炎、炎症性肠病和癌症等。

应按照标签说明书来补充胰消化酶，且需注意不能添加过量的胰消化酶，过量摄入胰消化酶会损害宠物消化道的内壁。

益生菌，可以用它补充生骨肉饮食吗？

益生菌是一种具有生命活性的细菌型食品营养补充剂。

益生菌具有难以置信的强大保健功能。酸奶是最常见的益生菌类食物。但是，生骨肉饮食需要额外补充益生菌吗？那么天然存在于生食中的细菌呢？它们可以被当作健康的益生菌吗？

存在于生食中的细菌是宠物健康的重要功臣，生食为消化系统种下了健康的细菌。消化系统依赖于健康菌群的存在而实现机体的正常运转。这些细菌还以多种方式促进健康，例如它们不断地激活免疫系统，每顿生食都像给宠物打了一次小小的健康疫苗。

对乳制品中益生菌的研究表明，它们提供叶酸、烟酸、维生素 B_{12} 和维生素 B_6 等营养物质。它们提供消化酶，缓解吸收不良的症状，提高蛋白质和脂肪的生物利用率，增加短链脂肪酸的产生。短链脂肪酸是一种极好的能量来源。益生菌已被证明可以减少乳糖不耐受的症状、高脂血症（血液中过多的甘油三酯）、过敏症状，并有助于预防过敏。

益生菌能预防某些癌症

益生菌可预防某些癌症或是缓解某些癌症的症状，包括结肠癌、肝癌、小肠癌、膀胱癌和乳腺癌等。益生菌也能改善生殖泌尿系统的健康状况和对抗肠道中的病原菌，同时益生菌于生殖泌尿系统与肠道的作用机制已被广泛研究。它们在腹泻（包括抗生素引起的腹泻）、炎症性肠病和胃溃疡中都有缓解病症的健康价值。

如果我们仔细考虑益生菌增强健康的特性，我们发现其中许多都与通过修复不健康饮食的缺陷来改善动物（或人类）的健康有关。因此，尽管科学已经证明益生菌是一种非常有益的补充剂，但益生菌并非生骨肉饮食的必然组成部分。

对于狗狗和猫咪来说，益生菌的天然来源是它们猎物的大肠消化物，或者对于农场宠物来说，益生菌来源就是羊、牛和马的粪便。然而，我并非建议要拿这些东西来喂食我们的宠物。

科学研究表明，如酸奶、开菲尔、酸奶油等发酵奶制品都是很棒的宠物益生菌来源。这些食物不仅含有益生菌，还含有促进益生菌生长和激活益生菌有益基因的成分。此外，这些发酵乳制品，尤其是未经巴氏杀菌的食品，都含有高价值的抗衰老营养素，及其他如钙、维生素 D、镁、蛋白质、磷脂、共轭亚麻油酸、功能性肽等有益的营养素。

现代研究表明，为了达到最大的效果，益生菌应该经常出现在饮食中。那么该用多少量呢？虽然目前尚未确定，但是，过度补充的危险似乎微乎其微。益生菌在饮食中的含量可以是 1% ~ 10% 之间的任意比例。

如果您的宠物对乳制品不耐受，不妨从健康食品店购买非乳制品的益生菌。

益生菌几乎适用于所有宠物

除了免疫系统极度受损的宠物不适用外，益生菌可被作为一种添加剂，常年添加到任何宠物食品中。它无论对于年幼的、年老的，还是换食期的宠物来说，都特别适用。

在结束对益生菌的简短讨论前，我要指出，虽然益生菌作为生骨肉饮食的一部分并非百分之百地不可或缺，但以当前我们对它的了解，它无疑是一张不错的健康保单。

植物营养素，以大蒜为例

大蒜是另一种很棒的狗狗补品（也可以少量给猫咪吃）。大蒜作为一种能够预防疾病的植物，可以充当一道宠物健康防线的原因有很多。首先，大蒜是一种天然的抗生素，已发现大蒜具有高效的抗菌功能，可以抑制细菌和真菌的生长。其次，大蒜有助于稳定血压和增强免疫系统，它在治疗和预防上呼吸道感染方面尤其有效。

据记载，还有数以百计的其他植物可供生骨肉达人用于对宠物健康的不懈追求。然而，这样的讨论已经超出了本书的范围，如果您想继续深入了解植物营养素，建议寻找适合的专业建议。

补充优质蛋白质

当您在给宠物做生骨肉饼时，已经捣碎了骨头，但是上面的肉太少，这时您就需要给宠物补充额外的蛋白质（通常是肉源性的）。或者，为了保持食物的适口性，我们想把肉饼做得更大一点时，也可以选择添加额外的蛋白质（而不是蔬菜）。无论是出于哪一个原因，在以生骨肉喂养时，常常需要某种食材作为补充蛋白质的来源。

补充优质蛋白质的最佳食材是鸡蛋、干酪和肉——最好是幼小动物的肉。

尽量找到高质量的蛋白质来源，最好是有机的散养鸡蛋。这种鸡蛋是优质蛋白质、必需脂肪酸、卵磷脂、维生素A和矿物质的廉价来源。不以谷物饲养的散养鸡会产出富含

Omega-3必需脂肪酸的鸡蛋。贝壳可以作为钙的另一个来源，但它不能作为矿物质的重要来源，矿物质还是要继续依靠生骨头。

干酪是一种很好的支链氨基酸来源，可用于修复受损的肌肉和组织，如疾病、正常磨损或特殊情况下的运动损伤。

肉（无论肥瘦）是优质蛋白质的极佳来源。

面对某些疾病，往往需要高质量的蛋白质。例如，你可能希望为患有癌症和膀胱结石的动物喂食更多的蛋白质和更少的矿物质。如果你准备把肉作为蛋白质的来源，那么小动物的肉是明智的选择。如果选择肉类作为蛋白质来源，肉类建议选择较幼小的动物；而小动物的肉通常瘦肉比较多，这种肉所含的脂肪非常少，体内毒素的累积也较少，并且很多毒素都是脂溶性的。在这种情况下，用瘦肉、小牛肉或鸡肉作为补充，都是科学明智的选择。

维生素和矿物质营养补充剂

维生素和矿物质可以最大限度地促进生长、健康、耐力、繁殖能力、抗病能力、解毒能力和长寿。如果认可这一说法，我们将面对一个重要的问题，狗狗和猫咪在选择生骨肉饮食时，需要额外补充维生素和矿物质吗？

家养宠物的野生同类们在狩猎季节可以吃到各种各样的全生食物，这些食物富含维生素和矿物质。这些食物包括新鲜的生肉和骨头，生的内脏和完全粉碎的新鲜蔬菜，这些都是生骨肉饮食关键的构成要素。

换言之，配制合适的生骨肉饮食已经含有了丰富的维生素和矿物质，这些维生素和矿物质将以适合生物利用的形式提供，因此不需要再额外补充。

这就引出另外一个问题：补充维生素和矿物质的原则是什么？

对于大多数来源广泛、食材结构良好的生骨肉饮食来说，维生素和矿物质补充通常是没有必要的。然而，在贫瘠土壤中种植的、在成熟前就采收的，以及经过长途运输的食材，其维生素和矿物质含量就可能要低于预期值了。此外，某些有特殊需求的宠物，特别是出生阶段的宠物，或存在特殊健康问题的宠物，可能就需要在生骨肉饮食的基础上额外补充维生素或矿物质了。

给生骨肉饮食中添加矿物质

生骨肉饮食的一个基本前提是，生骨肉食材可以提供宠物需要的大部分矿物质；否则，就需要在饮食中，以营养均衡和利于宠物吸收的结构形式来补充宠物所需的矿物质。我强烈建议: 除非你有一个很充分的理由, 否则在生骨肉饮食中, 使用海带或苜蓿之外的其他食材补充矿物质是不明智的。

完全依靠生骨肉食材解决宠物发育的钙需求, 是最简单也是最符合生物学的方法。

在成分合理的生骨肉饮食下, 再补充人工钙(包括骨粉), 不仅是不必要的(除非在特定的疾病情况, 例如惊厥), 而且可能是十分危险的。例如, 用配比适宜的生骨肉喂食幼犬时给它补充钙质只会导致钙过量, 并导致臀关节或膝肘关节发育不良等骨科疾病。

在生骨肉饮食中添加维生素

有时确实应该添加复合维生素 B, 例如给患有肾脏或肝脏疾病的宠物喂食时。

许多人存在疑问: 在日常生骨肉饮食中添加复合维生素 B 是否安全? 答案是肯定的, 虽然添加复合维生素 B 也许不是必需的, 但它是安全的。

过量补充复合维生素 B 会怎样? 答案是, 即使是专家建议剂量的十倍甚至更多, 通常也是可以的。

唯一不建议补充复合维生素 B 的时间是在换食时, 或者是给小狗断奶后转为生骨肉喂养时。在这种情况下，强烈推荐采用清淡版的生骨肉饮食。

那么日常添加抗氧化剂维生素 A、维生素 C 和维生素 E 怎么样呢？再次强调，作为一般规则，经常性地适量添加这些维生素通常是有益的。

维生素的剂量

维生素 A 的安全补充剂量是建议每天补充 40 ~ 80 国际单位 / 千克（或 20 ~ 40 国际单位 / 磅）的维生素 A。维生素 E 主要是必需脂肪酸的抗氧化剂，维生素 E 应按照每天 10 ~ 20 国际单位 / 千克（或 5 ~ 10 国际单位 / 磅）来补充。维生素 C 是一种应激性维生素，每天最多可补充 200 毫克 / 千克（或 100 毫克 / 磅），但是若在宠物极度紧张的情况下，维生素 C 建议添加至肠道的最大耐受量。

根据一个简单的经验法则，如果您使用的已经是针对动物而生产的产品，只需要按照瓶子标签上关于宠物体重与剂量的说明进行添加，请记住上面的说明和剂量。如果是使用针对人类而生产的产品，需根据宠物体重进行换算。或者，如果您想阅读更多关于某个特定维生素或矿物质的详细信息，建议您阅读我的另外两本书 *Give Your Dog a Bone*、*Grow Your Pups with Bones*，其中都有关于这个主题的信息。

海带和苜蓿也可以经常使用

许多微量矿物质（包括碘）对宠物的身体运转来说必不可少，但贫瘠的土壤上会让微量矿物质从食物中流失。补充海带和苜蓿粉，正是补充这些矿物质的完美来源。

海带含有生物所需的碘和 60 多种微量矿物质。作为一种"海洋蔬菜"，海带中还含有其他有价值的营养物质，包括 21 种氨基酸和其他促进健康的植物营养物质。海带作为微量矿物质的宝贵来源，能够促进宠物的正常新陈代谢。现代深加工宠物粮却缺乏这种矿物质（至少不是以生物可利用的形式存在），引起身体机能不佳、恶化，并最终导致疾病。

"以适当的形式存在的"碘对甲状腺的正常功能是必不可少的。不幸的是，许多喂养的深加工宠物粮的现代宠物存在甲状腺问题。添加了海带的生骨肉饮食可以使这些动物的甲状腺恢复正常。草药专家认为海带也具有抗生素的特性。

苜蓿是一种生长在肥沃冲积平原上的作物，根系长达 12 米（约 40 英尺），深入到富含矿物质的土壤中，这种土壤提供了微量矿物质，以及钙和镁等主要矿物质。作为干燥但未煮熟的植物材料，紫花苜蓿粉是一种干燥植物食材，含有完整的酶，同时富含多种植物营养物质（其中许多是抗氧化剂），包括维生素 A、B 族维生素、维生素 C、维生素 E、维生素 D 和维生素 K——有助于宠物的消化和吸收。

草药专家认为，紫花苜蓿是一种能抗感染、身体排毒和除臭的植物。

正如我们一开始了解的那样，在宠物的饮食中常规添加海带和紫花苜蓿粉不仅可以防止碘和其他微量矿物质缺乏，同时还带来了其他增强健康的特性。

海带粉的安全添加剂量是 4.5 ~ 9 千克（10 ~ 20 磅），狗狗或猫咪每天可以添加 1 克（约 1/4 茶匙）海带粉。紫花苜蓿粉是 4.5 ~ 9 千克（10 ~ 20 磅），狗狗或猫咪每天可以添加一茶匙的剂量。当然比上述更高的剂量也是相当安全的。

应该添加膳食纤维吗？

不必添加！生骨肉饮食富含多种蔬菜，提供丰富而健康的膳食纤维，既有可溶性的，也有不溶性的。膳食纤维通过多种复杂的机制对肠道和全身的健康起着至关重要的作用。从蔬菜中提取的膳食纤维对健康有积极的促进作用，而从谷物中提取的不溶性膳食纤维（如深加工食品中的膳食纤维）的价值则是令人怀疑的。

肥胖、炎症性肠病、糖尿病和胰腺疾病等问题，都可以通过富含健康的膳食纤维的生骨肉饮食法来治疗或预防。

需要额外的碳水化合物作为能源吗？

许多人觉得，必须在为宠物准备的生骨肉食材中添加一些碳水化合物，比如米饭或意大利面。他们认为补充这些食物是必要的。事实上，这完全没有必要。

虽然我们的宠物确实可以用蛋白质、脂肪或碳水化合物作为能量，但当以进化式饮食（生骨肉饮食）喂养时，宠物的能量主要来自蛋白质和脂肪。在进化式饮食中，从碳水化合物中获得的能量很少。

作为生骨肉饮食的一部分，我们的宠物可能吃到的碳水化合物包括蔬菜、水果、坚果和浆果。这些食物可被视为含有健康的碳水化合物。它们促进健康，不是因为它们含有能量，而是因为它们具有抗衰老和促进健康的营养价值。

当我们的宠物吃干粮时，它们的大部分能量来自淀粉和糖制成的碳水化合物。长期大量摄入糖原和淀粉会给宠物造成巨大的生物损害，极易引发退行性疾病。

在生骨肉饮食中碳水化合物的平衡是指，来自淀粉或糖的能量较低，而来自蛋白质和脂肪的能量较高。再次强调，它们的能量主要来自脂肪和蛋白质，这对我们的宠物来说是有益于健康的，而这正是生骨肉饮食所带来的益处。

生食中的营养物质、植物活性成分、抗氧化剂和其他抗衰老因子

营养物质、植物活性成分、抗氧化剂和其他抗衰老因子大量存在于原生天然的健康食材中，尤其是绿叶蔬菜。宠物是否能够长期保持健康状态，取决于饮食中的健康营养物质。这些营养物质在烹饪和加工过程中非常容易流失。缺乏这些营养物质是深加工宠物食品无法避免的，导致宠物容易罹患包括癌症在内的退行性疾病。而新鲜、天然的原生食材却是能够预防退行性疾病的主要原因之一。

那么我们需要补充这些营养物质吗？只要我们继续以合理的配方、富含颜色鲜艳的健康植物食材、适当准备的生骨肉和内脏一起喂养宠物，就没有必要浪费钱补充这些营养物质。然而，在某些情况下，添加含有益生菌、海带、酶和蔬菜浓缩汁、碎蔬菜、水果，以及其他植物性食材的复合营养补充剂，可以带来巨大的健康价值。

如果用来制作生骨肉饮食的任何食材质量较差（例如，不是有机的），或者这些食材没有足够的多样性，就有必要补充这些营养物质。当宠物因生病而身体虚弱时，添加这些营养物质也是有益的。这些患病的宠物大多数都是以前吃深

加工宠物粮的!

　　这里有一个小妙招：我们可以通过在完全粉碎的蔬菜中添加健康的油脂，帮助宠物消化许多脂溶性的植物化学营养物质。

　　现在我们既然已经将营养补充剂的相关知识分享给您了，希望您已有信心在生骨肉饮食中合理添加常见的营养补充剂。接下来我想让您了解生骨肉饮食的另外两个信息，接下来的部分也许会让部分人感到不自在。

第七章
骨头、致病菌与生骨肉饮食

"我们所害怕的——我们所创造的！"

这里有两个障碍，一是担心狗狗吞食了整个骨头，另外一个则是对细菌的恐惧，毕竟生食中总是会有细菌存在的。

恐惧之一：生肉和生骨头

尽管给宠物喂食整块骨头在世界各地都司空见惯，也被广泛接受，其中包括 20 世纪 60 年代中期的澳大利亚。但在当今发达国家中的许多地区，这已经成为生骨肉饮食一个具有争议的事情。尤其是在美国和欧洲的部分地区争议非常大，日本、新西兰和澳大利亚的情况会稍好一些。

恐惧是因为不了解

60 多年前，在北美和英国，人们放弃了用生骨肉食材的喂养方式。对未知生骨头的恐惧使得大多数兽医强烈反对以生骨头喂食宠物。这也让部分铲屎官害怕以生骨头来喂养自己的宠物，即使他们是想要采用进化式的生骨肉饮食法。

最终的结果是，许多现代铲屎官和兽医都认为以生骨头喂食宠物是危险的。这并不一定是因为他们曾经经历过这种危险，毕竟很少有人真的在喂生的骨头，而是因为他们认为生鲜骨头本身是危险的。令他们担忧的是，若吞食了整块生骨头，可能会因堵塞而造成肠胃道受损，对狗狗或猫咪的身体造成伤害。

知识就是力量

幸运的是，以生骨头来喂养宠物的理念已被许多兽医和澳大利亚的铲屎官所接受。我的经验是，世界上的有些国家、地区和家庭从未放弃用生骨肉食材来喂养宠物，而且仍然认为这是正常的，同时几乎没有发现任何以生骨头喂食宠物的危险性。在这些情况下，狗狗和猫咪都被认为他们有一个因野外进化而形成的消化系统，可以高效、安全地消化生骨头。

而这种观点在生骨肉饮食喂养的实践中得到了证实。

大多数现代的生骨肉支持者都认同这种从实践经验中获得的观点，认为每天喂食生骨肉食材是安全的。这强力地证明了给猫咪和狗狗喂食生骨肉食材的安全性。

事实上，正是因为大量喂食生骨头的宠物表现出几乎完美的健康状态，才真正提醒我，引起了我对生骨肉食材之于现代宠物健康的关注。

只要是新鲜且来自幼小动物的柔软生鲜骨头，就完全可以放心地拿来喂养宠物。鸡翅和鸡脖子就是绝佳的例子。

多年来，我有过一段研究幼犬断奶后的愉快经历：追踪了包括从泰迪犬到大丹犬在内，许多幼犬断奶后的现象。所有的幼犬在开始断奶后，给他们喂食生骨肉食材，通常是鸡胸、鸡翅膀或者鸡脖子。当时是从三周大的幼犬开始喂食生骨肉食材，一直到第四五周的时候，这些骨头就可以完全被狗狗吞食进去了。显而易见，当它们啃食和消化带有骨头的生鲜鸡肉时，它们仍然健康地茁壮成长。

但仍然需要提醒的是，如果一定要找出某一种具有危险的生骨肉食材，那一定是火鸡脖子了。多年来，已经有很多宠物窒息的病例是因为火鸡的脖子而导致的。因此，最好将火鸡脖子剁碎后再喂食宠物。

如果还是不放心，请弄碎骨头！

如果您觉得这种直接喂养生骨头的方式会阻碍您选择生骨肉饮食，我强烈建议您可以考虑先将所有的生骨头和肉一起磨碎，再喂食您的宠物。尽管这也意味着，一些生骨肉饮食中的优点会大打折扣，比如有益于牙齿清洁、满足心理和身体的健康等优点，但依然能留住生骨肉饮食的营养。

您可以购买电动粉碎机来完成这项工作，或者可以采用更原始的方法，比如用一把刀或锤子砸碎骨头。还有个更简单的方法，您可以在特定渠道购买现成的生骨肉肉饼。

以碎肉、碎菜等混合而成的肉饼来喂食宠物，也是一种以生骨肉饮食喂养宠物的方式。这也是帮助那些已经没有牙齿的老年犬继续摄取生骨肉食材的方法。

恐惧之二：生食中的细菌

生鲜食材中存在的细菌，经常会让铲屎官和兽医感到担心。他们假设这些食物中自带的细菌会让宠物生病。但根据40多年用生骨肉饲养宠物的经验，我们发现这种恐惧是毫无根据的。

事实上，绝大多数吃生鲜食材的狗狗和猫咪只会健康地苗壮成长，因为宠物天生就会吃含有细菌的生鲜食材。

狗狗和猫咪都是擅长捕猎的动物，它们吃生食已经有几百万年的历史了。它们的基因已经使肠道和免疫系统进化成能够处理一般普遍存在于生鲜食材中的细菌。换句话说，猫咪和狗狗即使吃掉了布满细菌的动物也是没有危险的。况且，生鲜食材上的很多细菌种类都是宠物肠道中正常存在的菌群。

狗除了是猎食者外，还是食腐动物。作为食腐动物，它们摄取的食物中必定含有许多细菌，所以狗狗早已进化出能够不惧怕细菌的肠胃道消化系统。实际上，狗狗也需要食物中的细菌和环境中其他来源的细菌来维持免疫系统的功能。这就是为什么生鲜肉中的细菌对 99% 以上的狗狗是没有任何影响的。

野狗吃猎物的消化道残留物，也吃不同动物的粪便，以及各种泥土、腐败的肉、被埋的骨头、受病原菌感染的肉，等等。

现代的狗狗和猫咪继续在各种不卫生的地方觅食、嗅探。不仅如此，它们还延续了祖先的习惯，会舔自己和其他动物的嘴、肛门和生殖器。这些都是微生物和毒素产生的部位。

> 无论您的猫咪或狗狗吃了什么，当它舔自己的生殖器和肛门时，它正在享用大量细菌。

细菌也有正面作用

如今吃"深加工宠物粮"的宠物饮食中缺乏正常的健康细菌，现在被认为是导致自体免疫性疾病的一个重要原因。自体免疫性疾病是指宠物的免疫系统会攻击自己的身体。

务必要意识到这一点！细菌除了能够刺激、维持宠物免疫系统运转，以及对正常宠物肠道菌群的维护有积极贡献外，如粪便等含有微生物的食物，对狗狗和猫咪来说也是丰富的营养来源。因为其中含有蛋白质、脂肪酸、酶、抗氧化剂和维生素等营养素。

生食与细菌性疾病

毫无疑问，处理不当的生食会传播致病菌和毒素，从而导致疾病的发生。然而，给猫或狗喂食生食产生疾病，只有在最特殊的情况下才会发生。这些情况通常包括卫生条件差的屠宰厂或家庭，以及存在的特定致病菌。在大多数情况下，如果动物的免疫系统没有严重受损，生鲜食材中的细菌量不足以引发严重的健康问题。

当然，如果您的宠物吃生鲜食材后生病了，出现发烧、腹泻或呕吐症状，兽医肯定会检验宠物摄取的食物样本，并进行粪便培养，看看是否应该归咎于食物问题。到目前为止，生鲜食材很少引发这些问题，但如果没有经过严谨的调查，发病的原因就很容易被归咎于生鲜食材。当证明生鲜食材是感染源时，食品生产的基本卫生规范等于就是形同虚设了。

另一方面，用深加工干粮来喂养的幼犬，对兽医行业及铲屎官来说都是一件头痛的事，因为幼犬们经常容易产生腹泻和肠道感染。在实践生骨肉饮食的过程中，由于增强了宠物免疫系统的功能，摄入生食的狗狗和猫咪很少会生病，因为它们吃了生鲜食材中的细菌，从而进化出了强大的免疫系统。

确保喂食的食材是新鲜、干净和来源可靠的

上述的说明并不是鼓励铲屎官以含有细菌的食物来饲养宠物。相反的，我想说的重点是，那些一生大部分的时间都在吃深加工宠物食品的猫咪和狗狗都是可以吃生食的。即使它们因为长期食用深加工宠物食品而导致免疫系统虚弱，只要确保这些生食的来源是干净可靠的，它们的身体是可以接受的。

当然，与其让宠物自行从粪便等食物中获得营养，我们更推荐选择用鸡蛋、维生素补充剂、必需脂肪酸补充剂、益生菌、富含纤维的食物等各种合适的替代品来替代粪便，而不是用粪便来喂养我们的宠物。

处理生肉必须具有基础卫生知识

回想一下您用生肉烹饪时采取的所有措施，也都适用于制备宠物生骨肉。切记处理完生肉后，在您进食前一定要记得洗手。此外，在准备或处理生鲜食材时，对需要使用的刀具、砧板表面或器皿也要进行消毒。

每餐后用滚烫的热水彻底清洗宠物餐具。不要把吃剩的食物留在周围滋生细菌或吸引苍蝇。

以不污染人类食物的方式储存宠物生食，且不要让爱宠叼着生鸡翅到处跑。

确保宠物在同一个地方吃东西，这样所需要消毒的区域是最小的。这很简单，也是常识。

当宠物吃完后，把剩下的食物拿走并妥善处理，比如不要将肉饼长时间放置在高温环境中。

我相信您现在对生骨肉饮食更有信心了，尽管生骨肉饮食中会有骨头、细菌和寄生虫。我想和你们讨论的下一个话题，对很多铲屎官来说也是很困难的问题，就是必须保证餐餐都是完整和均衡的吗？

第八章
"全面均衡"的生骨肉饮食

我们能实现这个终极目标吗？

这一章正是为了解决这个困惑，并为铲屎官心中存在的问题提供解答，包括生骨肉支持者和非支持者对宠物饮食如何达到营养均衡的议题进行说明，当然也包括类似问题。

本章会提供这些问题的答案，甚至更多其他信息。

在过去，很多人包括我自己都对宠物饮食应是"全面均衡"的进行高谈阔论，大家都相信这个想法是可实现的。

为了确保没有混淆，我现在声明，虽然"全面均衡"是我们的饮食目标，但给任何动物提供完全"全面均衡"的饮食是不可能的。应用进化营养学的原理，我们也许可以非常接近这一理想，但即便如此，我们生产的各类宠物食品也不会百分之百"全面均衡"。

我们先来思考几个关于营养全面均衡的简单问题：

·到底什么才是"全面均衡"的饮食呢？

·我们凭什么说饮食是"全面均衡"的呢？

·是否真的有可能创立一种"全面均衡"的饮食方案，无论是将所有营养都集中在一餐，还是分散在多餐？这一理论有没有实现的可能性？

·喂给宠物的每一餐都应是"全面均衡"的吗？

·带有"全面均衡"标签的深加工宠物粮和具有相似说法的生骨肉饮食之间存在什么区别吗？

·这些深加工宠物食品包装上的营养宣称可靠吗？

·生骨肉饮食也会有这种营养宣称吗？

我们必须开拓新的思维方式

本书将会介绍一种不同的视角，来看待或思考"全面均衡"饮食或食物的概念。我希望大家多思考食材、饮食或营养方案，而不是纠结于营养学上的"营养健康""营养丰富"，以及"全面均衡"（这是不可能的）。

什么是"营养全面"的食物？

对任何一种特定动物而言，营养全面的食物都是完整的和原生态的，并且从生物学的角度也完全讲得通。也就是说，在动物的长期进化过程中，它要么复制，要么模仿同类型动物所摄取的食物。这意味着只有营养全面的食材才能构成营养全面的饮食或喂养方案。

> 如果这个对营养全面食物的定义是正确的，我们就不得不得出这样的结论：深加工宠物粮至少可以说——不是"营养全面"的！

什么是"营养均衡"的食物？

对任何一种特定动物而言，所谓"营养均衡"的饮食或喂养方案，是指食物的范围、类型及覆盖面都维持大致平衡，从而保障该动物的长期进化过程。从理论上讲，这样的饮食或喂养方案应该包含动物维持最佳健康状况所需的大部分或全部营养。

任何超越这一点的宣称，即使是用进化式原理构建的饮食计划，都是谎言。比如超越全面和均衡这两个概念，进一步宣称一种饮食是彻底"全面"、彻底"均衡"的，也就是说，饮食是营养的终极。我们认为完美饮食的论调是非常愚蠢的，其实质是利用科学的一种欺骗行为。

随着我们知识的增长，饮食方案会有进步空间。当然，我们将不断寻求精进饮食方案的机会。

不幸的是，深加工宠物粮甚至没有真正的"全面均衡"营养认知，正如这些深加工粮向不幸的消费者们所展示的那样，当今的宠物疾病，不论类型和严重程度，与营养不完整和不均衡有着高度相关。若想证明这一点，我们可以去任何一家宠物医院，询问病宠主人宠物的饮食情况。

然而，为了便于论证，我们来假设：有可能创立一个绝对全面和绝对均衡的饮食方案。如果是这样的话，我们必须追问……

> 再次强调，如果这个关于营养均衡饮食的定义是正确的，我们就不得不再一次得出这样的结论：深加工宠物粮至少可以说是"营养不均衡"！
>
> 作为对比，我们还必须得出结论：包括人类在内的任何动物，其进化式饮食方案都是"营养全面均衡"的。

宠物真的需要每一餐都是全面和均衡的吗？

"全面均衡"的概念可以通过一系列饮食来实现，而不是单独一餐，这是进化式饮食或生骨肉饮食的基本立场。相比之下，让宠物的每顿饭都吃得"全面均衡"的概念，是深加工宠物粮的核心喂养观点。然而，必须强调的是，当动物食用深加工宠物粮时，每餐都必须"全面均衡"恰恰反映这种食物本身就营养缺失的事实。

现实中，除了追求营养全面均衡是不可实现的之外，每顿饭都吃得全面均衡也不是生物的必定需求。深加工宠物食品制造商力求使每餐营养全面均衡，并把这作为一种简单而实用的方法，提供给伴侣动物。不幸的是，他们的这种尝试本身就是一个巨大的失败，这至少有四个原因：

第一，也是最重要的，没有人知道地球上任何一种动物的绝对营养需求，甚至可能永远都无法知道。

第二，制作深加工宠物粮的食材不太适合宠物食用。也就是说，它们的营养价值不高。

第三，个体之间的营养需求是不同的。

第四，深加工过程导致营养流失。

关于加工过程，深加工宠物食品中不适合被宠物食用的成分，混合后进入极端温度和压力工况，造成单个营养物质被破坏；不同成分之间也产生化学反应，从而导致营养严重流失。这些加工过程产生了两个严重的营养问题：首先，加工产生一些物质，这些物质会激发宠物身体的排斥反应；其次，许多营养物质无法被宠物的身体吸收、利用。

深加工宠物粮就讲到这里。我们再来看看生骨肉饮食或进化式饮食。

是否有可能创建"全面均衡"的生骨肉餐呢？

对生骨肉饮食的学习者来说，他们非常明白，营养全面可以通过一系列饮食组合来实现。在这一系列的饮食中，每一餐本身并不一定要达到全面或均衡。

然而，一般人仍对此存有疑问——生骨肉饮食的每一餐是否力求实现全面均衡？

制作接近全面均衡的生骨肉餐是可以实现的，有两个简单的基本事实可以提供支持：

·生骨肉饮食使用了一系列生鲜食材。

·生骨肉饮食无须加热工艺。

生骨肉学习者理解这一概念是极其重要的，无论出于商业还是其他原因，我们都必须能够做出几乎"全面均衡"的生骨肉餐。

当宠物粮制造商一边采用加热和挤压工艺，一边声称产品是全面均衡的，这意味着什么？

深加工宠物粮制造商声称他们的产品是"全面均衡"，

这是这类喂养法的核心逻辑。当这类宠物食品制造商提出这一说法时，他们的意思是他们的产品符合某些"营养专家"规定的某些标准。

我们必须知道，这些所谓的"营养专家"是根据当下的营养知识水平来制定营养标准的，而当下的营养知识又是从不健康且有限制的营养素科研而来的。

说得通俗一点，目前营养专家认可的营养素仅仅包括蛋白质、脂肪、碳水化合物、维生素及矿物质。

宠物食品"营养专家"规定，根据定义，任何不包括在他们定义标准中的物质，都是对宠物没有营养价值的。

很多只存在于生鲜食材中的营养物质被这些"专家"认定为对宠物没有价值。科学文献已充分证明，这些被"专家"排除在外的营养素，对包括人类在内的各种哺乳动物的健康有着重要作用。更讽刺的是，许多证明这一点的研究，都涉及家养的猫咪和狗狗。

我们几乎每天都在科学文献中找到这类被专家遗弃的营养素的各种新发现、新理解和新种类。毫无疑问，还会有更多其他重要营养物质等待被我们发现。

这些对健康至关重要的营养物质包括植物活性成分、热不稳定抗氧化剂、酶和其他抗衰老因子。宠物食品行业的"专家"已经将这些营养素列为无用。这些营养素存在于未经深加工的食材中，而且许多只存在于生的破壁植物食材中。

对"商品宠物粮是营养全面均衡的"这一假设的评价

这些"专家"除了对植物营养素等现代营养相关研究无知之外，他们所依赖的宠物营养知识正在随时变化与更新。也许昨天是正确的，今天就不一定有效，但明天又会有更多其他发现。这意味着，即使是最经典的营养知识，在涉及宠物食品时，也要承认现代科学与宠物营养之间并没有最完美、完整的知识，我们仍然不断透过科学在了解营养学。这还是在不考虑个体巨大差异的情况下。

然后还有生物利用性的问题。全面均衡并不意味着会被动物完全吸收利用。其中一个原因是，食材是被高温加工过的。正如前文提到的，高温加工会产生难以消化和生物无法利用的物质。另一个原因是"营养专家"的主张，即营养来源（可以理解成食材的质量）在深加工宠物食品的生产过程中不是很重要。造成的结果是，尽管透过科学分析的方法可以证明，法律规定的宠物食品中必须包含的营养成分是存在的，但其实很多营养素是部分或完全不可利用的营养素。

然而，这一"营养来源"问题并不以营养不良而告终。

正是这些"营养专家"声称，高脂肪是深加工食品的健康成分，对健康没有任何危害。实际上，这些深加工过的脂肪是可能致突变和致癌的。

这些"专家"还断言，商品化干粮中含有的煮熟的淀粉是对健康无害的宠物能量来源。但他们也承认，过多的淀粉会加剧癌症症状，这也是导致老年宠物死亡的主要原因之一。

这些"专家"告诉我们，在深加工宠物食品中，矿物质可能是以无机化学形式被添加，而不是以天然的有机化学形式被添加。然而大量的临床研究表明，人工来源的钙容易导致宠物髋关节和肘关节发育不良。

最后，这些"营养专家"声称，全面均衡的深加工宠物食品，是唯一能够促进和维持宠物健康的产品。但是，在动物成长的早期阶段，吃这些食物会提高退行性疾病的发病概率。

很明显，有关深加工宠物食品的"全面均衡"这几个字的价值是非常值得怀疑的。可以肯定的是，深加工宠物粮并不能保证宠物拥有健康或充足的营养。

宠物食品标签上的"全面均衡"字样只是符合了法律要求而已

有些宠物食品"营养专家"坚称，这些被加工过的营养素对宠物健康非常重要；"专家"也确实证实了有限数量的营养素存在，但这些营养素并不适合生物吸收利用。所以在生物学角度上，全面均衡的词语是容易误导我们的。

不幸的是，广大铲屎官们完全没有意识到深加工宠物食品公司声称的"全面均衡"是毫无意义的。如果这种声称是按照大多数铲屎官和兽医的设想而提出的，那么宠物食品公司将有歪曲事实或虚假陈述的嫌疑。但现实中宠物食品公司无须承担罪名，因为他们看起来仅仅是推荐产品，或允许消费者购买自家产品。不幸的是，这种推荐对宠物及其主人产生了深远且糟糕的后果。

只有我们的营养知识变得更完整，才能生产出真正"营养全面均衡"的产品来喂养宠物，到那时"营养全面均衡"的主张才拥有真正的意义。

接下来让我们看看，有关进化式饮食营养全面均衡的观念是什么？

以进化式饮食的方式实现"全面均衡"

虽然目前还不可能得到一份具有权威性的详细营养素清单，来列出家养猫狗的每日营养需求，但从科学上来说，已证实宠物是有一个预先设定好的"基因最适饮食"（genetically optimal diet）或"基因制定饮食"（genetically ordained diet）的饮食方法，我们不妨称之为"GOD 饮食法"。也就是说，这是一种随长时间进化过程而形成的饮食方法。如果这是真的，那么当我们完整复制动物进化饮食的方法、内容物、分量和营养之后，从生物学角度来说，这个饮食方法一定是全面均衡营养的。但事实上，正如我们所经历的，我们不可能完整复制任何动物的进化式饮食方法。但是，我们可以努力无限接近地模仿这样的饮食方法。

因此，通过研究与野生动物一样的饮食习惯，我们可以充满信心地为我们的宠物提供健全且充足的营养饮食。

> 这就是生骨肉饮食，这种饮食将比任何深加工宠物粮更接近营养全面均衡的梦想。

换句话说，在一段足够长的时间内，比如说 12 个月，如果把从观察野外动物饮食习惯中发现的各种各样的食材组合成宠物的进化式饮食，我们会发现进化式饮食配方的组成比例与野外动物的饮食比例是差不多的，这就是一个营养全面均衡的饮食方案。我们能够在没有专业的营养知识和食品分析结果的基础上，为宠物制定适合的饮食方案。

这种营养全面均衡的进化式饮食，需要成为一种系列化的饮食方案，每餐必须包含至少一种或多种食材，或者将所有的食材混合在一起，来生产营养全面均衡的生骨肉餐。在本书中我们提到过，这些营养全面均衡的生骨肉饮食，就是多种生鲜食材混合的生骨肉肉饼。

这种进化式的饮食相比深加工食物有着巨大的健康优势，进化式饮食几乎提供了宠物需要的所有营养素，而我们实际上并不知道这些营养素是什么。这样的饮食方法非常接近当前营养学家所追求的目标，但在可预见的未来，用当前研究方法也不太可能达到上述目标。

我们还必须明白，虽然宠物个体之间所需营养存在差异，但对进化式饮食来说，这并不是什么大问题。因为与加工食品相比，天然食材的营养只会更均衡。此外，有迹象表明，当动物采用进化式饮食时，所需的营养水平可能与深加工产品不同。

再次强调，在设计一种进化式饮食时，营养素的来源非常重要。例如，与深加工食品中使用的受损脂肪相比，新鲜脂肪是进化式饮食的基本特性。此外，在设计一种进化式饮食时，能量的主要来源应该是蛋白质和脂肪，而不是碳水化合物。蛋白质和脂肪是有利于健康的，但当碳水化合物成为主要能量来源时，宠物的健康开始衰退，糖尿病、肥胖症、癌症及其他退行性疾病开始出现。

我相信各位读者已经开始意识到，当采用进化营养学的原理时，为宠物提供"营养全面均衡"的饮食是一个直接简单的过程。

此外，当生物学上不适宜的食材（如煮熟的谷物）被用作商品宠物粮或自制粮的基础原料时，无论是营养全面还是营养均衡都是不可能实现的。

> 毫无疑问，宠物需要的"完整营养素清单"，以及"平衡这些营养素的配方"是目前尚不清楚的两条信息，而且它们能否被全部搞清楚都有待进一步研究。

"全面均衡"的底线

这意味着，虽然全面均衡的理念在理论上可以实现，而且我们也在努力为之奋斗，但在现实世界，这是不可能实现的。当一家深加工宠物食品公司声称他们的产品营养全面且均衡，尽管这一说法可能合法，但从生物学上来说，是无效的。

经过深加工的宠物食品在营养上是不良、不足的，它们是非常不全面和不均衡的。与进化式食物相比，食用这些深加工粮的动物更有可能因营养不良而患上疾病。进化式饮食在生物学意义上总是更接近于"全面均衡"，即使它不符合当前的法律标准。

因为不可能做出真正的营养全面均衡的饮食，本书将不会声称生骨肉饮食法或生骨肉饼是全面均衡营养的。然而，一种配方合理的生骨肉饮食或生骨肉饼是更符合营养学上的全面均衡的。

营养全面均衡的生骨肉饮食或生骨肉饼，除了含有深加工宠物粮中必须存在的营养素，还包含许多只存在于天然食材中的必需营养物质——所有这些营养物质在生物学角度都是可被宠物吸收利用的，这就近似于进化和平衡。

·换句话说，给宠物喂的生骨肉远超现代深加工宠物粮的营养标准。

·与声称营养全面均衡的深加工宠物粮相比，生骨肉饮食或生骨肉饼是更接近全面均衡理论的。

·因此，我们更有自信地说，基于进化模式的饮食比任何煮熟和深加工的宠物食品更接近于"全面均衡"，更能让宠物保持健康。

·另请注意，生骨肉实践者最常见的错误之一，就是食材品种太少。

·为实现营养全面均衡，最重要的是使用尽可能多样的天然食材，这是我不断强调的原则。

现在，让我们去制作生骨肉大餐吧！

第九章
如何将食材做成生骨肉大餐？

一旦所有食材准备就绪……

如第五章和第六章所述，下一个问题是，我如何把这些食材组合起来，做成健康的生骨肉大餐？首先要知道，有三种方法可以指导我们完成配方设计和做出生骨肉大餐。

·第一种方法是"完整食材"，即通过一系列餐次安排，将大块，甚至完整食材安排到各餐来实现营养全面。

·第二种方法是"磨碎食材"，即每餐都是营养全面的、磨碎的、混合的生鲜。（可参考第八章"宠物真的需要每一餐都是全面和均衡的吗？"）

·第三种方法是前两种方法的结合，即通过食材的各种组合和餐间安排，实现营养全面。这是生骨肉饮食法的基础。

第一种生骨肉饮食法
一系列餐次安排实现营养全面

　　大块甚至完整的生肉和生骨肉是这个方法的基础。多年来，这个方法一直用在我自己的猫狗身上，这也是最简单的方法，因为它不需要复杂的准备工作。一般来说，一天喂两餐，一餐是典型的生骨肉，另一餐则是进化式饮食的其他食材。

　　在某些情况下，有些小伙伴发现，他们的狗狗每天只需喂一次，甚至两天喂一次。对健康狗狗来说，偶尔一两天的禁食有益无害。尽管对健康猫咪来说，偶尔一两天的禁食也是有好处的，但猫咪几乎无一例外地需要每天至少喂一次，建议是两次，特殊情况还要增加次数。

狗狗的全面饮食应大致包括的内容

· 60% 的生肉和生骨头。

· 15% ~ 20% 的水果蔬菜。

· 10% ~ 15% 的内脏。

· 5% ~ 10% 的人类厨余或营养补充剂。

猫咪的全面饮食应大致包括的内容

· 70% ~ 75% 的生肉和生骨头。

· 不超过 5% 的蔬菜和水果。

· 15% ~ 25% 的内脏。

· 5% ~ 10% 的人类厨余或营养补充剂。

成年狗的一周菜谱示例

星期	上　午	下　午
一	鸡翅、鸡架或鸡脖子	研碎的牛肉、蔬菜混合物、鳕鱼肝油、三文鱼油、鸡蛋、海带或苜蓿
二	羔羊排骨、羊脖子或毕林赫斯特羊骨肉混合肉饼	切碎的肝脏、蔬菜或水果混合物、三文鱼油、海带或苜蓿、维生素 E
三	休闲零食大骨头和鸡翅	鸡脖子、鸡架或鸡翅
四	羊肉、猪脖子、牛尾、毕林赫斯特猪骨肉混合肉饼	蔬菜搭配鱼罐头、三文鱼油、维生素 E、海带或紫花苜蓿
五	鸡翅、鸡架或鸡脖子	碎牛肉加切碎的心脏、亚麻和苜蓿的混合物、维生素 E、鳕鱼肝油、三文鱼油
六	休闲零食大骨头和一个鸡翅	碎火鸡肉、蔬菜混合物、鳕鱼肝油、三文鱼油、鸡蛋、维生素 E
日	羊肉、猪脖子、牛尾、毕林赫斯特牛骨肉混合肉饼	碎牛肉、蔬菜或水果混合物、切碎的肾脏、维生素 E、月见草油或琉璃苣油

成年猫的一周菜谱示例

星期	上　午	下　午
一	鸡翅或鸡脖子	碎牛肉、碎蔬菜、鳕鱼肝油、鸡蛋、海带或苜蓿、多种维生素
二	毕林赫斯特羊骨肉混合肉饼（含羊肉、羊骨、蔬菜）	切碎的肝脏和心脏、海带或苜蓿、维生素E
三	鸡翅、鸡脖子、碎鸡架	中等脂肪的碎牛肉、一只鸡蛋、碎蔬菜
四	切碎的羊颈肉、猪颈肉、牛尾、毕林赫斯特猪骨肉混合肉饼（含猪肉、猪骨、添加蔬菜）	罐头鱼（或鲜鱼）、鱼油、维生素E、海带或苜蓿
五	兔肉片	毕林赫斯特骨肉混合肉饼（含肉、骨、心、肾、蔬菜）、维生素E、鳕鱼肝油
六	鸡翅或鸡脖子	切碎的火鸡肉、鳕鱼肝油、鸡蛋、维生素E
日	切碎的羊肉、猪脖子、牛尾、毕林赫斯特骨肉混合肉饼（外加蔬菜）	大片的牛肉

对成年猫狗菜谱示例的说明

这些菜谱仅作为举例，给大家一个参考，展示如何用生骨肉饮食法喂养狗或猫。实际喂什么，将取决于有哪些食物可供选择。

上面的示例菜谱中包含了许多不同类型的生骨肉食材，它们可在一周内的不同时间喂给宠物。当然，也可以在这一周全部喂鸡，下一周全部喂羊，再下一周全部喂牛等。除了列出的生骨肉食材，也可以选择其他完全不同的食材，如新鲜的鱼、鹿肉、兔肉等，只要方便获取就行。

宠物每天都吃东西，尽管可能周三的饮食有点清淡。实际上偶尔禁食一天，不会对猫狗造成伤害。是否采取禁食，取决于几个因素：如果宠物当前体重过轻，禁食就不是个好主意；如果宠物前几天暴饮暴食了，禁食一下就会有很大好处。

偶尔禁食确实对宠物健康是有益的，但并非总是如此。例如，对于一些肥胖个案，禁食可能会起到反作用，因为禁食会导致新陈代谢率下降，且导致肌肉流失。此外，对一只肥胖的猫咪禁食可能会导致它患上致命的脂肪肝。

此外，禁食确实有助于解毒，尤其是在将狗或健康的幼猫转换为生骨肉饮食者后特别有用。

此外，对我们的宠物来说，禁食也有替代方案，只需要持续几天减少喂食量。只要宠物被过度喂养，我们就可以启动这种禁食替代方案。判断过度喂养的方法，包括给宠物称体重，但大多数时候凭肉眼观察和触摸就能知道是否该启动这种禁食替代方案。

宠物给我们的另一个信号是它们拒绝进食。只要我们确信,某个特定的个体不吃东西是因为它在前几餐吃得太多,而非身体不适。这只宠物会跳过一两餐,或者只是简单地在接下来的一餐中吃得更少。我们只要继续喂食正常食物,直到它恢复正常体重或食欲即可。

建议菜谱中不要包括人类厨余或谷物类食物,如米饭、面包或意大利面。当然,在健康宠物的饮食中,临时加入一些对人类健康有益的食物并没有错。重要的是,请不要让人类的厨余或谷物类食材成为宠物饮食的主要成分。再次强调,请不要让宠物以谷物类食物为主食。以大量谷物来饲养宠物是铲屎官一个最常见的错误。如果您觉得狗狗或猫咪在饮食中吃一点谷物会更好,就让谷物发芽,或至少把它浸泡在水或酸奶中过夜后,与蔬菜混合后一起喂食。

记住这种生骨肉饮食法,随着时间推移不断寻求最佳营养均衡的菜谱。通过喂食各种各样的食材,确保事实上的饮食全面均衡。

大家可能还注意到,我把罐头鱼放在了菜谱示例中,这没什么问题。作为熟鱼,您可以把它留在里面或去掉,这真的不重要。当然,如果能买到新鲜的鱼会更好。我刻意把罐头鱼写进菜谱,就是为了说明这一点——您大部分时间都在做取舍。

第二种生骨肉饮食法
每餐都"营养全面均衡"的方法

这个版本的生骨肉是指我们之前说的混合肉饼。这个肉饼是将所有食材磨碎混合的成型状态，并且作为宠物唯一的食物。

这种方法非常实用，特别是当首次体验生骨肉饮食时。具体菜谱会在下文给出。

第三种生骨肉饮食法
一餐"全面均衡"和一餐"不均衡"的混喂

这是一种非常流行的方法，也是大多数人在给宠物喂了一个月左右的生骨肉混合肉饼后开始尝试的方法。这种方法的简单形式就是将各种混合肉饼和生骨肉食材混在一起喂。

也可以选择不同的肉饼。某一餐可能是什锦肉饼，也可能是有肉无骨的肉饼，或蔬菜加肉馅饼（仅限于狗狗），而另一餐的肉饼中除了生肉生骨外什么都有。还可以做一块肉饼，里面只有生肉生骨头和蔬菜。这些不同的肉饼也可以与由整个生肉生骨头组成的膳食混合在一起。

您可能已经注意到，自己现在所做的，正是按照"第一种方法"进行，就是通过不同餐次实现营养全面均衡，至此您已经成为一个有经验的生骨肉达人了！现在您慢慢了解到生骨肉饮食的排列组合是无穷无尽的。您也能通过不同餐次的不同食材组合，来追求营养的全面均衡。

现在，让我强调一个最重要的生骨肉饮食原则——

没有一种饮食法适合所有的狗或猫。所有的饮食都需要量身配制，而这正是由您——宠物的主人来决定。在爱宠、兽医和本书的帮助下，您是最有能力为自己爱宠制定健康的生骨肉饮食方案的人。

我知道您已经开动了，所以现在就让我们尝试做个狗狗的混合肉饼吧。

狗狗的什锦混合肉饼

狗狗的什锦混合肉饼的主要构成：

· 60% 的生肉生骨。

· 15% 的蔬菜。

· 10% 的内脏。

· 10% 的各种辅料。

· 5% 的水果。

狗狗的什锦混合肉饼原料清单如下：

狗狗的什锦混合肉饼原料一：3.64 千克（8 磅）切碎的生肉生骨头

以下 4 种类型任选：

· 鸡骨架、等量的鸡脖子和鸡翅膀。

· 带肉羊排或牛排。

· 毕林赫斯特配方混合肉饼。

· 其他任何现成的生肉生骨头。

您可以用牛肉、猪肉、鸡肉、羊肉、火鸡、袋鼠、鸸鹋、鹿肉、鸭子等。生肉生骨头可以是上述两种或两种以上食材的组合。重申一下，食材组合创意不拘一格！

骨头含量必须保持大约一半。肉和骨头可以来自不同动物，例如牛肉配羊骨。根据需要、价格和新鲜食材的获取方便性，从中选取喜欢的来进行不同配方组合。对于不会对特定肉类过敏，也不讨厌特定肉类的狗狗来说，生骨肉食材的种类越多越好。

尽量将脂肪保持在最低限度，特别是对于年老的、久坐不动的或容易患胰腺炎的狗。而年轻活泼的狗狗，可能需要脂肪多一点儿的肥肉，以保持其体重。

狗狗的什锦混合肉饼原料二：910 克（2 磅）混合碎蔬菜

例如，菠菜、银甜菜、芹菜、欧芹、西红柿、甜菜根、胡萝卜、红绿黄椒、一个或两个十字花菜（如卷心菜、白菜、西蓝花、菜花等）。

一定要保证配方中有绿叶蔬菜，以及尽可能多样的不同颜色蔬菜。十字花科的包心菜不能占多数——如果长期大量进食会抑制甲状腺功能。不要喂洋葱，它们会引起溶血性贫血。避免喂土豆，不要喂除豆芽之外的豆类（豌豆等豆类）。确保只有少量的含淀粉蔬菜（如南瓜），不要糖分含量太高的蔬菜（如胡萝卜）。

狗狗的什锦混合肉饼原料三：596 克（1 磅 5 盎司）心肝肾混合物

选用来源明确、干净、无寄生虫的内脏。肝的分量等于心、肾加起来的分量。此外，应尽可能提供多种内脏，如绿色的牛肚，并将这些动物内脏碾碎或切碎后再用。

狗狗的什锦混合肉饼原料四：312 克（11 盎司）的成熟水果

整个的苹果、整个的橙子、无核杏、木瓜、杧果、猕猴桃等品种多样的各种时令水果。果实可以偏熟，但不能腐烂，将这些食材捣碎后添加到肉饼里。

狗狗的什锦混合肉饼原料五：各种辅料

·5个包括蛋壳的完整鸡蛋。

·170克（6盎司）亚麻籽，可用咖啡机磨碎。

·170克（6盎司）天然酸奶，或含有等量益生菌的非乳制品。

·57克（2盎司）海藻粉。

·28克（1盎司）新鲜蒜泥。

这些成分填补了某些营养缺口，可以避免狗狗通过吃粪便、土壤和其他腐烂和恶心的食物，来获取饮食中不足的营养成分。

根据一系列考虑因素（参见第六章），您也可以添加必需脂肪酸或维生素补充剂。不管是只添加上述的一种还是两种营养补充剂，只要您察觉到宠物有特殊的健康问题，或者意识到自己正在喂食的食材中有特别的缺陷，就赶紧添加营养补充剂吧。许多维生素都是强大的抗氧化剂，包括维生素A、维生素C、维生素E和B族维生素。这些都是生骨肉饮食宝贵的营养补充剂，因为现代世界的污染太严重了。

混合肉饼的制备方法

找一个足够容纳所有食材的容器，依序加入已绞碎的生骨肉食材，然后再加入事先已使用食品加工机、榨汁机或果汁机粉碎后的水果和蔬菜，在容器中彻底混合所有食材。

在此基础上，加入事先以食品加工机械切碎或捣成泥状的内脏食材，在容器中彻底混合。

再加入酸奶或益生菌、大蒜、海带和亚麻籽粉。

把蛋黄和蛋白放入上述容器中。用蛋壳盛少量的水或剩余的蔬菜汁，连同蛋壳一起投进食品加工机，把它们磨碎，再加入上述大容器中，混合均匀后即可喂食！

在确保所有食材都混合均匀的情况下，狗狗会吃掉所有放进去的食材，因为狗狗无法根据自己喜好将不同食材分开。

任何在制作当天没有被吃完的食物，应该找个容器或塑料袋，冷冻储存，并按要求解冻后再使用。

任何辅料既可以在冷冻前添加，也可以在解冻后添加。大多数人会采用后一种方法，因为它可以更灵活地进行补充，特别是在多宠家庭中，每只宠物的要求不同。许多生骨肉达人分享，如果在冷冻前没有添加任何维生素，解冻的肉饼可在冷藏条件下保存更长时间的可食状态。

犬科动物的混合肉饼，适用于大多数狗狗！

这个食谱一般适用于各种成长阶段和不同生活习性的狗狗。它将为大多数健康的狗狗提供均衡营养，从幼年一直到壮年，再到老年。

最常见的是调整喂食量，对活跃的狗来说，更多的生肉和脂肪是有益的。但对哺乳期的母狗来说，可以考虑减少蔬菜的量，增加生肉和骨头的量。

对成长期的中小型犬，可以考虑减少蔬菜量和增加生骨头的量。对成长期的大型犬，可以考虑增加蔬菜量，也同步增加生骨头的量，或者稍微减少一点生肉的量，当然也可以考虑只喂瘦肉。

在特定情况下，诸如宠物患有肥胖、肝脏疾病、肾脏疾病等，建议添加纯蔬菜泥与复合维生素 B、维生素 C 和必需脂肪酸。

不幸的是，在狗狗患病的时候，喂生骨肉变成了一个复杂的议题，远超本书范畴。但是，对已患有退行性疾病的狗狗来说，需要减少生骨肉食材的摄入量，以降低蛋白质、脂肪和矿物质，同时减少红肉和任何高糖分水果和蔬菜。此外，还需要经常添加抗氧化维生素、低升糖蔬菜和 Omega-3，并添加额外的酶到磨碎的食物中。

这个通用方法是应对衰老和退行性疾病的一个好起点。

猫咪的什锦混合肉饼

猫咪的什锦混合肉饼的主要构成：

· 70% ～ 75% 的生肉和生骨头。

· 15% ～ 20% 的内脏。

· 10% 的各种辅料。

· 0 ～ 5% 蔬菜和水果。

猫咪的什锦混合肉馅原料清单如下：

**猫咪的什锦混合肉饼原料一：3.4 千克（7.5 磅）磨碎的
生骨肉**

以下 4 种类型任选：

· 鸡骨架、等量的鸡脖子和鸡翅膀。

· 带肉羊排或牛排。

· 毕林赫斯特配方混合肉饼。

· 其他任何现成的生肉生骨头。

尽你所能！用牛肉、猪肉、鸡肉、羊肉、火鸡、袋鼠、
鸸鹋、鹿肉、鸭子之类均可。生肉生骨头可以是上述两种

或两种以上食材的组合。肉和骨头可以来自不同动物，例如牛肉配羊骨。根据需要、价格和新鲜食材的获取方便性，从中选取喜欢的来进行不同配方组合。对不会对特定肉类过敏，也不讨厌特定肉类的猫咪来说，生骨肉食材的种类越多越好。

对一只成年的非哺乳期猫来说，混合时骨头和肉可以是相等的重量，也可以是两倍于骨头的肉——添加额外的肉即可实现这一点。然而，对一只正在成长的幼猫和一只正在哺乳的猫来说，最好是坚持吃等量的骨头和肉。

与狗狗相比，猫咪需要的脂肪更多。特别是充满活力的幼猫、怀孕或正在哺乳的母猫，需要更多一点的脂肪。但是肥瘦比例能给出一个特定比值吗？我想是很困难的。然而，不管是瘦肉、半肥半瘦的肉、多脂肪还是超高脂肪的肉，我的建议是给年长且久坐的猫咪提供半肥半瘦的生骨肉食材，给年轻且充满活力的猫咪提供脂肪偏多的生骨肉食材。当然，生骨肉饮食法不是一成不变的，和前几章介绍的内容一样，需要根据猫咪的体重、活动量和健康状况来进行调整。

猫咪的什锦混合肉饼原料二：680 克（1.5 磅）心肝肾的混合物

选用来源明确、干净、无寄生虫的内脏。肝的分量等于心、肾加起来的分量。此外,尽可能提供多种内脏,如绿色的牛肚,并将这些动物内脏碾碎或切碎后再用。

猫咪的什锦混合肉饼原料三:各种辅料

· 3 个包括蛋壳的完整鸡蛋。

· 43 克(1.5 盎司)深海鱼油。

· 114 克(4 盎司)天然酸奶,或含有等量益生菌的非乳制品。

· 57 克(2 盎司)海藻粉。

· 28 克(1 盎司)新鲜蒜泥(如果猫不喜欢,则剔除)。

这些成分填补了现代宠物饮食习惯的某些营养缺陷,取代了原始野猫在自然狩猎状态下,能够提供营养的各种脊椎动物和无脊椎动物。

根据一系列考虑因素(参见第六章),您也可以添加必需脂肪酸或维生素补充剂。不管是只添加上述的一种还是两种营养补充剂,只要您察觉到宠物有特殊的健康问题,或者意识到自己正在喂食的食材中有特别的缺陷,就赶紧添加营养补充剂吧。许多维生素都是强大的抗氧化剂,包括维生素A、维生素C、维生素E和B族维生素。这些都是生骨肉饮食宝贵的营养补充剂,因为现在的环境污染太严重了。

猫咪的什锦混合肉饼原料四：170 克（6 盎司）蔬菜

我们将少量的碎蔬菜和水果加入混合肉饼中，以模拟野猫猎物胃肠道中的蔬菜和水果食糜。

制作这些混合的猫咪肉饼时，只需参照狗狗的肉饼制作方法就可以了。

这些肉饼可以喂给大多数猫吃

这份生骨肉菜谱，对各个成长阶段和不同生活方式的宠物来说都是足够的。也就是说，它将为各个生命阶段都很健康的猫咪，不论是年幼、壮年还是老年阶段，提供均衡的营养。

一般来说，唯一需要修改的是喂食量。对更年轻、更活跃的猫来说，更多的肉和脂肪将是有益的。对处于哺乳期的母猫，完全除去蔬菜，将内脏减少到 10% 左右，并相应地增加肉和骨的量。

在特定情况下，如肥胖、肝脏疾病、肾脏疾病等，可能需要添加纯蔬菜泥与复合维生素 B、维生素 C 和必需脂肪酸。

不幸的是，照料患病猫咪是一个复杂课题，已远超这本书的范畴。关于如何修订生骨肉饮食的基础配方，来对应猫咪疾病，我将在另一本书中讨论。

您可能会喜欢的其他类型肉饼

正如我之前提到的，生骨肉饮食中不同食材的组合是没有特殊限制的。可以选择纯生肉和骨头的肉饼，或是含有蔬菜的肉饼。添加了蔬菜和内脏的混合肉饼也是狗狗的大爱。

狗狗的"蔬菜 + 内脏"肉饼

· 908 克（2 磅）任何品种的新鲜蔬菜。

· 227 克（8 盎司）内脏。

· 1/2 杯纯酸奶。

· 1 ~ 2 个包含蛋壳的完整鸡蛋。

· 2 ~ 3 茶勺亚麻籽油（或 6 ~ 9 茶勺新鲜亚麻籽粉）。

· 1/2 小勺大蒜。

请按照一般方法，来制作这些混合肉饼。

喂食生骨肉的实操建议

我给自家猫咪和狗狗主要喂养方式是，以多种食材的混合肉饼和生骨肉食材，每餐交替着喂。如果买不到鸡和鹅，偶尔用人类食物来应急也是可以的。不过由于人类食物含太多蔬菜，所以只能喂给狗狗。我也会用奶和鸡蛋喂猫，虽然猫咪也会去抓啮齿类动物，但那是其他的故事了。

当您想要喂食全是蔬菜或大部分是蔬菜的饼时，强烈建议选择在狗狗最饿的时候这样做。如果是习惯在早上给宠物喂食蔬菜饼的，那就在晚上喂生骨肉食材或混合肉饼。如果每天只喂食一次，就可以选择两种食材交替着喂：第一天是整块或磨碎的生骨肉食材，第二天是以蔬菜为主的混合肉饼。

最后我想说的是，作为宠物的主人，调整喂食量和食材种类须考虑食物热量、运动量和运动类型。家猫通常是不经常锻炼的，除非它们被允许自由进出家门。

上述我们所有决定的关键都来自对于宠物的日常观察，如果我们的宠物超重了，我们必须帮助它们减肥。但是，我们的决策不能导致宠物的肌肉流失。为了保持富有肌肉的健康身型，即使是喂食热量有限的食物时，也应该提供足够的蛋白质，同时确保宠物有大量的健康运动。

我想大家探讨的下一个问题是，我们如何让宠物由吃干粮切换到美妙的生骨肉饮食？

第十章
生骨肉的换食

大多数情况下，这非常简单，毫无困难！

对铲屎官和他们的宠物来说，有很多方法进行生骨肉的换食。本章我将和大家一起探索最流行和最实用的方法。下面的一般性指导方针和具体提议，将给大家提供一个正确引导，帮助大家与自己的宠物一起完成重要的饮食转变。

虽然大家愿意接受改变，但面对生骨肉换食总是有所担忧。不过，现在是时候下定决心接受改变了。

这一章和后面的"生骨肉饮食的常见问题及解决方案"（第十二章），都将帮助各位了解当宠物切换到生骨肉饮食时可能遇到的一些问题或障碍。在了解这些问题并找到方法后，大家就不太可能在生骨肉饮食尚未发挥健康效果之前，就主动放弃。

　　换食的第一个障碍是宠物不愿做出改变，第二个障碍是消化不良。同时要认识到，改变宠物饮食，意味着更大的工作量。

　　换食过程大部分是迅速、直接且顺利的，偶尔会遇到一些困难（如猫咪比较难接受新食物），才会需要花费更多时间。猫咪和狗狗（尤其是狗），在它们的身体适应新食物时，都会出现各种肠胃不适。

　　要考虑的另外一个重要因素是，我们正在改变宠物饮食。如果一只宠物原来就吃过各种各样的自制鲜食，无论是煮熟的还是生的，那么它会更容易适应这种改变，更不容易出现肠胃不适。而对于长期吃干粮的宠物，这种变化带来的身体影响会更剧烈。

　　有两种常用的方法来实现生骨肉换食："快速换食法"和"渐进换食法"。许多人认为缓慢改变是首选方法，然而，正如大家将会看到的，在大多数情况下，如果狗狗能迅速转换成生骨肉饮食，通常是最好的换食方法。

生骨肉饮食的快速换食法

这是最简单的转换方法，您只要去做就行了！即昨天喂狗狗罐头或自制鲜食或其他粮食，今天就直接开始喂食生骨肉。

在使用快速转换之前，我们需要考虑自己的宠物是否适合快速换食法。还需要确定我们要选择哪种生骨肉饮食的食材，以获得宠物最大的可接受性和最小的肠胃不适感。

一般的经验和共识是——快速换食是适用于狗狗的首选，这是最简单、最成功的方法，特别适合肠胃系统正常的年轻健康的狗。快速换食只适用于少量的猫咪。

最大的原因是绝大部分的成年猫咪，在接受任何饮食上的改变之前，都需要较长的时间去适应，这当然也包括生骨肉饮食的换食过程。

然而，每只宠物和饲主的情况都是不同的，实际上只有铲屎官最了解自己宠物的实际情况。因此，换食方法的最终决定权在于宠物主人。

我并不鼓励对那些年龄较大、有消化问题或免疫系统受损的宠物采用快速换食法。但是要注意这不是死板的规定，而是一个指导性的方针。宠物可能会以各种不同方式，来启发我们如何进行换食，这可能需要我们自己慢慢摸索。有许多吃了一辈子深加工宠物粮的老年宠物，以及只吃过深加工宠物粮的青壮年宠物，它们的消化系统是不能忍受干粮和生骨肉同时在消化道中被消化的，这种结合容易导致呕吐、腹泻或两种症状一起发生。在这种情况下，我们别无选择，只能选择快速换食法。

换食前禁食

在正式换食之前，让宠物忍受一至两天的禁食，会有很大的帮助。禁食除了起到了部分排毒的作用，同时也给我们带来了一个强大的盟友——饥饿。饥饿可以重新激活挑食宠物的味蕾。

警告：狗狗可以忍受长时间的禁食；而对猫咪来说，尤其是肥猫，建议禁食不要超过 24 小时，或者最多不能超过 48 小时。这是因为猫科动物，尤其是肥猫，如果长时间禁食，容易患上致命的脂肪肝。

快速换食法——使用生骨肉食材

启动换食最简单的方法之一就是给猫狗一些生骨肉食材。对猫和小狗来说，可以是鸡翅或鸡脖子。对一只更大的狗来说，可以是火鸡的翅膀或脖子，也可以是鸡架、牛尾、羊腿，甚至是更大的骨头，我们称之为"休闲骨"或"龙骨"（那种长长的肢体骨头，如股骨、肱骨或胫骨——通常来自牛）。

选择从生骨肉食材开始有两个好处。首先，大多数狗狗和小部分猫咪通常喜欢我们提供的任何食材。其次，生骨肉食材可以使换食时的不适感降到最低。大多数宠物在吃生骨肉食材时，排出的粪便都很健康，粪便可以形成一定的形状。喂食生骨肉食材后，可以减轻宠物慢性腹泻的症状。

许多新的生骨肉实践者说，他们第一次给宠物喂食生骨肉时，常常需要寻求朋友们精神上的支持。一个朋友说他会时刻准备好给兽医打电话，以防止宠物出现任何健康问题。虽然不需要做得这么极端，但是我们确实必须和宠物待在一起并观察它们进食生骨肉食材的过程与结果。仔细观察宠物如何处理这些食物，将有助于我们对换食做出合理的调整。

如果宠物从我们手里叼走骨头，并试图不咀嚼就把骨头吞下，根据骨头的大小和狗狗体型的大小不同，是有可能使狗狗窒息的。在这种情况下，建议调整所提供食物的体积大小，以及控制好宠物的饥饿状态。另一点与狗狗相关的是，当狗狗能接受生骨肉食材后，生骨肉食材会让狗狗感到开心，造成我们过于兴奋而给它们喂太多生骨肉食材。

一个好的常规做法是，在我们第一次尝试喂生骨肉时，在头几天要少喂点生骨肉食材，对任何一个正在经历换食的个体都应如此，对大型犬尤为重要。我的建议是，每天生骨肉食材的摄入量不超过原干粮喂食量的三分之二，也就是应该分成几顿小餐，在一天中分散开来喂食。

太多的生骨肉食材会很快塞满狗狗的肠胃，肠胃道就会像一只肿胀的香肠，进而引发呕吐、腹泻、消化系统紊乱，甚至更糟的是，狗狗可能会出现胃扩张和扭转。最后，吃完这种食物后，很多狗会觉得很不舒服，从而拒绝生骨肉食材。这些都是我的狗狗经历过以后，我才明白的（即过量喂食会影响换食）。

如果最初的换食计划是成功的，没有出现消化不良或坚硬的粪便，我们就可以开始提供其他食材。然而，在讨论下一个阶段的换食之前，让我们先看看另一种快速换食法。

快速换食法——使用简单肉饼（生肉和生骨头）

不管出于什么原因，对于那些想要快速换食，又不愿喂完整生骨头的小伙伴，第一个阶段可以尝试用生肉和生骨头做成简单肉饼，一般建议使用鸡翅或鸡脖子来做这种肉饼，只要宠物不对特定的肉过敏就行。当然，其他磨碎的生肉和生骨头也是可行的。再次强调，不要吃太多！我们先让宠物吃几天这些肉饼，确保宠物没有消化不良且排便正常。一旦肉饼被宠物的消化系统接受，在没有特殊消化不良的情况下，我们就可以进入下一阶段——引入其他食材。

快速换食法——使用混合肉饼

换食的第一餐就给宠物吃生骨肉混合肉饼，是另一种很棒的换食开幕式。如果您决定以这种方式开始进行生骨肉饮食，那么在开始之前，禁食肯定是有用的。但是，请记住不要一次喂太多，也建议以少量多餐的形式，将每天的肉饼量分成两到三餐喂食。如果您确定选择这个方法，建议把肉饼做得清淡一些。也就是说，在一开始换食时不要添加太多营养补充剂。因为在早期换食阶段，过量补充草本植物、维生素、油脂、海带等可能会导致宠物拒绝进食或肠胃不适。

快速换食法——加入各种不同的食材

如果多种食材混合型肉饼是您选择的换食方法，且宠物又能够愉快地接受，那么从现在起，您只需要持续喂食多种食材混合型肉饼就可以啦！当然，您可能希望改变一下食谱，特别是发现宠物存在某种健康问题的时候，这将使您在饮食中添加一些营养补充剂，或者尝试改变肉饼成分。做法是在食谱中添加一些完整的生骨肉食材，或者改变蛋白质来源。如果一开始喂的是鸡肉混合肉饼，那可以调整成羊肉肉饼或者多种肉类混合的肉饼。

如果狗狗的体重增加了，可以选择多种食材混合型肉饼和蔬菜饼一起喂食，或者在您正在喂食的肉饼中加入更多的蔬菜泥。

如果在快速换食法初期，选用生肉和生骨头为主的肉饼，再添加其他食材就容易了，能将消化不适降到最低。如果选用的生肉和生骨头是整块的、大的，那就磨碎之后再添加其他食材。

一旦成功转换成肉饼，就不会有消化问题，再在肉饼里加入少量其他食材也变得更容易。可以先加入少量蔬菜，再逐渐增加蔬菜量，直至达到宠物需要的量；内脏也是同样的添加方法，最后是鸡蛋等其他食材。也可以同时添加少量蔬菜、少量内脏及少量鸡蛋。通过这种方式，缓慢地增加这些营养补充食材，从而达到宠物所需的营养水平。

换食成功之后该怎么做呢?

当铲屎官和宠物对生骨肉饮食有了更多经验，就可以开始尝试各种不同生鲜食材的组合，就像我们为自己做饭一样，这种食材组合的变化几乎是无限的。记住，在生骨肉饮食中，提供的生鲜食材种类越多，就越能让我们的宠物无限接近"全面均衡"的健康饲养理念。

现在，让我们看一看生骨肉饮食法的渐进换食。

生骨肉饮食的渐进换食法

采取渐进换食的宠物可能需要 1 ~ 4 周才能适应，也可能需要 6 个月的时间，这要看宠物的具体情况。不幸的是，有些宠物永远都无法换成生骨肉饮食。由于种种原因，铲屎官使宠物在两种不同的饮食方式之间摇摆不定，有时是因为害怕宠物营养失衡，有时是因为铲屎官自己懒惰。无论出于什么原因，一定要明白，铲屎官摇摆不定的行为，只能不断地给健康效益打折扣。实现渐进换食有四种基本方法。

第一种渐进换食法
一餐供应生骨肉，一餐供应原来的食物，但逐步减少原有食物的分量。

如果宠物接受这个方法，且没有出现任何健康问题，表明这只宠物有非常强大的消化系统，可以迅速适应换食后带来的影响。

第二种渐进换食法

同时提供两种食物，将生骨肉混入原有的食物中，然后逐渐降低旧食物比例，提高生骨肉的比例。举例来说，在同一个碗里同时提供旧食物和一个生鲜鸡翅，这也是为宠物替换不同品牌商品粮的方法之一。建议以 25% 的新食物和旧食物混合后先让宠物吃上几天，将新食物的比例提高至 50% 后再让宠物吃上几天，同样将新食物的比例再提高至 70% 后，再让宠物吃上几天，最终提高到 100%，渐进换食成功!

不幸的是，这种方法通常会让宠物拒绝新的食物。在这种情况下，建议使用马上要介绍的第三种方法。即使生骨肉能被宠物接受，有些宠物也会出现肠胃不适症状，因为宠物的消化系统是无法同时消化两种类型截然不同的食物。

第三种渐进换食法

将新旧两种食物进行物理破碎，然后将这两种食物混合均匀。通过这种方式，可以从少量的生骨肉开始，然后逐渐减少旧食物的量。对不愿意尝试新食物的宠物来说，这个方法很有效，很多猫都可以适应这种类型。但就像我在前面几章所提到的，这个方法可能导致宠物换食时的肠胃不适。

第四种渐进换食法

将生骨肉煮熟，作为新食物加入。当其他换食方法都失败时，这种方法对非常挑食的宠物很有效，对猫也特别有用。对于那些经常喂自制熟食的铲屎官，他们更有可能采用本方法。

对某些患有免疫缺陷疾病的宠物，建议铲屎官可以使用第四种换食方法的改良版。只需要将生骨肉加热，杀死最可能致病的细菌就完成改良了。这通常是针对生骨肉食材，而且在加热煮熟之前就已经完全磨碎。

许多铲屎官会将上述两种或两种以上的方法混合使用，例如将加热煮熟与粉碎混合相结合，这对贪恋美食的猫咪和狗狗很有效。

其他更多与换食有关的信息，特别是在转换过程中，铲屎官与宠物所遇到的各种困难与障碍，请阅读第十二章"生骨肉饮食中的常见问题及解决方案"，在这一章中我将讨论宠物拒绝进食、呕吐和腹泻等问题。

关于换食方法的结论

对绝大多数的狗狗来说，使用快速换食法是最好的选择。而实践经验已证明，渐进换食法通常是蛮困难的，而且最终结果通常是浪费时间和精力，并且还容易导致宠物消化紊乱。对大多数猫咪来说，几乎没有什么其他选择，只能采取渐进换食法。

行动起来吧！转换到生骨肉饮食比你想象的更容易，而且值得为此努力！

接下来的问题是——

需要给宠物喂多少生骨肉呢？

第十一章
该吃多少生骨肉？

现在你知道该喂什么，也知道如何转换到生骨肉饮食。接下来的问题就是吃多少、多久吃一次。我们首先解决"多久吃一次"的问题。

宠物应该多长时间喂一次？

宠物一般每天喂 1 ~ 4 次，但有时也不是每天喂食，喂食的频率取决于我们现在要探究的一些因素。

生命阶段与喂食频率

以下情况应该提高喂食频率:
- 生长期
- 年老
- 体重偏低
- 更多活动量
- 怀孕后期
- 哺乳期
- 换食期

以下情况应该减少喂食频率:
- 成年期
- 中年期
- 体重偏高
- 较少活动量
- 怀孕早期
- 哺乳期结束
- 体重增加(却健康)

健康与喂食频率

一般来说,宠物病得越重,需要喂食的频率就越高,它就越需要"少量多餐"的喂养,一些极端肥胖的宠物甚至需要更频繁地进食。"少量多餐"是指喂的次数多,但每次分量非常少。当宠物体重过轻时,除了提高喂食频率外,还需要增加每餐的分量。"少量多餐"同样也适用于术后康复阶段的宠物。

喂食频率与宠物的大小、品种

一般来说，猫的喂食频率超过狗；小型品种的猫狗比大型品种的喂食频率更高。当然，个体差异是存在的，所以这些只能作为一般的指导性意见。

那么该给我的宠物喂多少呢？

答案非常简单：

· 如果爱宠硕大肥胖，就少喂点儿！

· 如果爱宠骨瘦如柴，就多喂点儿！

喂食量取决于爱宠的体重和体型

按照生骨肉饮食，猫狗每天需要的食物总量为其体重的1.5%～10%，可以分一餐、两餐、三餐或四餐喂食，具体取决于宠物品种、生命阶段、活动量和个体需求。

例如（每天）：

· 一只45千克（100磅）的狗可能需要680克到3.6千克（1.5～8磅）的食物。

· 一只 2.84 千克（6 磅 4 盎司）的狗可能需要 43 ~ 227 克（1.5 ~ 8 盎司）的食物。

您的直接反应可能是"范围这么大，我的宠物到底该吃多少呢？"——没错，范围确实很大。这个问题和之前所提到的问题一样，这类悬而未决的问题都不容易解决，因为要考虑的因素太多了。

体型大小的比较

宠物的食物需求与身体表面积的关系比与体重的关系更密切。小体型宠物的"体表面积与体重的比例"超过大体型宠物。正因如此，小体型宠物每天需要的食物量接近体重的 8%，而大体型宠物每天需要的食物量只有体重的 1.5%。

例如，一只活跃的 2 千克（4 磅 6 盎司）幼犬可能需要每天摄入相当于其体重的 8%，即 160 克（5 ~ 6 盎司）的食物。而一只久坐不动的 15 千克狗，可能只需要每天摄入相当于其体重的 1.5%，即 675 克（1 磅 8 盎司）的食物。可以看到，虽然体重增加了 20 倍，但所需食物只增加了 4 倍。但是请注意，我们引入了另一个因素——活动量。

以下情况应该喂得更多

更年轻、更小型、更活跃、体重偏轻或正在成长的宠物，需要更高频率地喂食及更多的食物，喂食量将接近它们体重的 8%。

另外，猫咪比起狗狗，需要更多的食物量，特别是正在生长或高活动量的猫咪。猫咪每天可能需要吃下相当于体重10% 的食物。一般的建议是，相似年龄、大小、体重和生命阶段的猫咪和狗狗，猫咪所需要的喂食量会更大。

生活在寒冷环境中的宠物需要更多的热量。例如在冬季提高喂食频率和分量，可以保证热量充足。这意味着，我们可以在生骨肉饮食中添加更多的脂肪。当然，如果您生活在寒冷气候里，但是狗狗或猫咪整天待在暖炉前，就没有必要把喂食量增加到和大部分时间都待在户外的宠物那样。

以下情况应该喂得更少

而对于年纪较大、体型较大、久坐不动的宠物，建议降低每日喂食量。这些宠物只需要更少的食物，就可以正常维持健康的生命状态。它们每日摄取的食物总量，建议不超过体重的 3%，甚至还可能降到 1.5%。

喂食量还取决于食物的热量

食物的热量越高，需要喂食的食物就越少。食物的热量取决于食物中水分、蛋白质、碳水化合物和脂肪的占比。水分是没有热量的，而脂肪的热量大约是碳水化合物或蛋白质的 2.25 倍。这意味着高脂肪、低水分的营养组合会提供宠物高热量的饮食，而高水分、低脂肪的营养组合将会提供低热量的饮食。

生骨肉混合肉饼的热量低于生肉生骨头等食材，因为它们含有比原始食材更多的蔬菜，从而提供更多水分。若想要降低生骨肉混合肉饼或任何生骨肉饮食的热量，可以增加低升糖蔬菜的占比，同时减少生肉、骨头、淀粉和脂肪的占比。当然，也可以增加水的比例。

因为生骨肉混合肉饼的热量低于生肉生骨头等食材，所以为了平衡宠物对热量的需求，混合肉饼需要比直接吃食材多 10% ～ 20% 的分量。当以生肉生骨头食材为基础来直接喂食，在重量上要比混合肉饼减少 10% ～ 20%。

如果想增加生骨肉混合肉饼的热量，可以增加瘦肉、骨头、脂肪和油脂的占比，并减少蔬菜的占比。我并不建议增加含淀粉或含糖类的食材，虽然这也会增加热量，但淀粉和糖都不适合宠物的消化系统，更不是生骨肉饮食中提倡的食材。

一块肥肉比一块瘦肉含有更多的热量。因此，为了提供适合宠物的热量，如果肥肉多，建议少喂点；如果瘦肉多，建议多喂点。注意：以质量百分比为基础，生骨头要比瘦肉含有更多的热量，这是因为骨头的含水量低，而脂肪含量高于瘦肉。反之，脂肪多的肥肉要比生骨头含有更多的热量。

超重（尤其是肥胖）宠物的喂食量取决于目标体重

如果宠物超重了，那就是它的脂肪过多而肌肉不够。我们要计算多少体重对它是合适的，并在合适的体重水平上设定宠物的喂食量。同时，建议减少饮食中的脂肪含量，这意味着宠物要少吃生骨头，多吃瘦肉。同时我也建议在宠物减肥餐中加入大量抗氧化物质，如维生素 E、维生素 C 和复合维生素 B，同时避免任何谷物、意大利面、面包、米饭、糖等。淀粉类的食材，对正在减肥、增肌或想维持健康的宠物来说，都是灾难性的！

根据干粮量来确定生骨肉的量

相比喂干粮，我们需要喂食更大体积和重量的生骨肉。因为和生鲜食材相比，干粮只含有极少的水分。一种以鸡脖子为原料的生骨肉混合肉饼含有大约 70% 的水分和 30% 的干物质。相比之下，干粮含有大约 10% 的水分和 90% 的干物质。这种缺乏水分的干粮是造成宠物不健康的原因之一。

> 如果我们从干粮转向生骨肉，只需把原先干粮的喂食量乘以 3，就能得到生骨肉的喂食量。

最重要的是，同等重量的干粮和生骨肉相比，干粮中的干物质是生骨肉的 3 倍。

上述结果告诉了我们一条简单的经验法则。

例如，1 杯干粮相当于 3 杯生骨肉；或者 200 克干粮相当于 600 克生骨肉；或者 4 盎司干粮相当于 12 盎司的生骨肉。

记住，这只是一个起点，还有其他的因素需要考虑，比如生骨肉混合肉饼的热量。在开始喂食前，我们已经计算出喂食量了，然后观察宠物的体重是增加还是降低。也就是说，不管宠物是变瘦了还是变胖了，答案都会告诉我们是否保持现有的喂食量还是进行调整。结果可能是更多或更少的肉饼，也可能是增加或减少的热量。

使用生骨肉混合肉饼对铲屎官来说非常方便，因为一块生骨肉混合肉饼就包含了所有成分。但是，当一个新手从商品干粮转向生骨肉饮食时，宠物的营养需求是一成不变的吗？生骨肉食材和蔬菜需要分开喂食吗？在这种情况下，我们不得不做更多的计算。

将干粮等效转换为生骨肉

生肉和生骨头包含 50% ~ 60% 的水分,在这种情况下,干粮换成生骨肉的转换系数是 2 倍,即 200 克的干粮将转化为 400 克的生骨肉食材。如果生骨肉食材只是占宠物饮食总量的一半,那就意味着喂 200 克的生骨肉食材。

以蔬菜为主的肉饼含有 80% ~ 90% 的水分,在这种情况下,系数为 4.5,而不是 3(这是大多数生骨肉混合肉饼的系数),即 200 克的干粮转化为 900 克的蔬菜肉饼。假设狗狗饮食的三分之一是蔬菜肉饼,那么就按照 900 克的三分之一,也就是 300 克的蔬菜肉饼进行喂食。

一般的动物内脏含 70% 的水分,所以它的系数是 3。如果仅仅喂食内脏,200 克干粮就相当于 600 克内脏。但如果饮食中内脏比例是 10%,那么就按照 600 克的 10%,也就是 60 克的内脏进行喂食。

既然我们已经弄清楚了生骨肉饮食基础食材成分(生肉、生骨头、内脏、果蔬)的转换情况,那么再计算生骨肉饮食所需的 5% ~ 10% 其他食材(如亚麻籽、鱼油等)就容易了。

再次强调,所有这些数量值只是一个近似值。随着时间推移,我们将根据爱宠的体重和其他状况,使用前文讲过的方法,调整喂食量、食物热量、不同食材的比例和喂食频率。

成年狗的喂食量

我们把体重的 8% 作为活泼型小型犬的喂食量起点，体重的 3% 作为活泼型大型犬的起点。在此基础上，狗狗的每日生骨肉喂食量如下。

成年狗的生骨肉喂食量：

·1 ~ 5 千克（2 ~ 11 磅）体重，喂食 90 ~ 350 克（3 ~ 12 盎司）。

·5 ~ 10 千克（11 ~ 22 磅）体重，喂食 350 ~ 600 克（12 ~ 21 盎司）。

·10 ~ 25 千克（22 ~ 55 磅）体重，喂食 600 ~ 1100 克（21 ~ 39 盎司）。

·25 ~ 50 千克（55 ~ 110 磅）体重，喂食 1100 ~ 2000 克（39 ~ 70 盎司）。

这只是一个很粗略的指导意见，因为每只狗狗的健康状态都是不同的，计算狗狗喂食量的目的，是为了保持狗狗健康的体重。记住，您可以在饮食中改变生肉、生骨头、脂肪、蔬菜、内脏的比例，就像我们之前讨论的那样来调整生骨肉配方就可以了。请不要让狗狗超重或饥瘦得让人无法接受。同样体重下，狗狗需要更多肌肉，更少脂肪。

许多久坐不动的老年犬只需要体重 2% 的食物。

例如，一只（44 磅）老年且不经常活动的 20 千克狗狗，每天建议喂食约 400 克（或者不到 1 磅）的食物。400 克的喂食量，与一只 5 千克（11 磅）的活泼小狗相当。

幼犬该吃多少？

这里所说的幼犬是指已断奶的幼犬，一般在 8 周或 8 周龄以上。这些幼犬的喂食量通常是体重的 5% ~ 10%；对小型品种的幼犬来说，喂食量可能会接近体重的 10%；而对大型品种的幼犬来说，尤其是巨型犬的幼犬，每天的喂食量可能会接近体重的 5%。幼犬在 3 个月大时，每天最多可以吃 4 次；在 3 ~ 6 个月大时，建议每天喂 3 次；6 个月以上每天喂 2 次。

关于幼犬喂食的其他信息请参考本书第十三章或我的另外两本书 *Give Your Dog a Bone*、*Give Your Pups with Bones*。

成年猫的喂食量

成年猫每天的喂食量在体重的 5% ~ 10%，并且需要分成几次。幼猫的喂食量接近体重的 10%，而老年的久坐猫的喂食量应为其体重的 5%。

在自然环境中，猫是小型哺乳动物，会捕食鸟类和昆虫等猎物，这些食物通常是以"一日多餐"的形式获得的。据此，即使是成年猫也会每天吃 4 ~ 5 次。这也是为什么自动喂食干粮会如此成功的原因之一。在实践中我们发现，并不需要以这种"一日多餐"的方式喂猫，尽管有些人坚持这么做。对大多数成年猫来说，一天 2 ~ 3 次进食就足够了。

我们把体重的 7.5% 作为起点，猫咪的每日生骨肉喂食量如下。

> **成年猫的生骨肉喂食量：**
> · 2 千克（4.5 磅）体重，喂食 150 克（5.3 盎司）。
> · 3 千克（6.5 磅）体重，喂食 225 克（8 盎司）。
> · 4 千克（9.0 磅）体重，喂食 300 克（10.5 盎司）。
> · 5 千克（11 磅）体重，喂食 375 克（13 盎司）。
> · 6 千克（13 磅）体重，喂食 450 克（16 盎司）。

这只是一个很粗略的指导意见，因为每只猫的健康状态都是不同的，计算猫咪喂食量的目的，是为了保持猫咪健康的体重。请不要让猫咪肥胖或瘦得让人难以接受。

许多老年猫咪每天只需要体重 3% ~ 5% 的喂食量，例如 4 千克的猫咪需要 120 ~ 200 克生骨肉。令人惊讶的是,许多肥胖猫咪吃得比这个数值还少。

猫咪的生骨肉混合肉饼,热量仅略低于生肉生骨头等原料食材。因此,喂生骨肉混合肉饼只要比直接喂生肉生骨头等原料食材(如鸡翅)多 10% 分量即可;相反,若是从混合肉饼换成原料食材需减少 10% 分量。另外,由于生骨头的热量和混合肉饼相似,所以当我们想增加骨头时,和肉饼等量置换就行。

肥肉比瘦肉拥有更多的热量,所以如果用肥肉就少喂点,如果用瘦肉就多喂点。

如果猫咪的体重已经超重,先计算它的合理体重应该是多少,然后按合理体重喂食。同时,减少饮食中的脂肪含量。

因为猫咪的食物需求与"体表面积与体重的比例"相关,所以小型猫的食物需求高于大型猫。例如,一只年轻活跃、体重 2 千克的猫每天可能需要体重 10% 的食量(即 200 克),而一只 10 千克的猫可能只需要体重 5% 的食量(即 500 克)。

幼猫应该吃多少?

这里说的幼猫是指已经断奶的幼猫,一般在 8 周或 8 周龄以上。如果幼猫小于 8 周龄,以下说明仍然适用;唯一区别是,你可能会想要给幼猫喝杯奶,因为幼猫对固体食物的消化能力较弱。所以对于 8 周龄以下的幼猫，建议加大奶的分量。以下是我们建议的食材原料。

- 一杯 250 毫升的全脂奶。
- 两个鸡蛋黄。
- 两小勺（约 30 毫升或 1 盎司）奶油。
- 两小勺（约 30 毫升或 1 盎司）含有活性益生菌的原味全脂酸奶（不加糖）。

将上述食材放入搅拌机搅拌，或在壶中摇晃均匀。

对于年龄非常小的幼猫，在上述混合物中加入消化酶会很好，最适添加量可以参考消化酶的标签；并且在喂食前至少让这些酶先作用 10 分钟，这将使幼猫更容易消化。

一般来说，刚断奶的幼猫每天需要体重 7% ~ 10% 的食量。在 3 个月大时，猫咪每天喂 4 ~ 5 次；在 3 ~ 6 个月大时，每天喂 3 ~ 4 次；在 6 个月以后每天喂 2 ~ 3 次。有关幼猫喂食的其他信息，参阅本书第十二章。

猫狗该吃多少鸡翅、鸡脖子？

刚接触生骨肉的小伙伴经常会问这个问题。如果以下方法管用，那就可作为长期参考：

- 饮食中需要多少比例的生骨肉食材，如鸡翅、鸡脖子甚至整鸡？我的建议是 60%。

· 你需要知道鸡翅或鸡脖子的平均重量。

· 你需要知道爱宠的体重。

· 你需要根据体重计算每日喂食量。我建议是体重的 1.5% ~ 10%。

· 您需要一个计算器。

一个鸡翅的平均重量约为 85 克（3 盎司）。如果饮食的 60% 是生肉和生骨肉，那你每天需要喂的鸡翅可按下列公式计算。

假设狗狗重 23 千克（50 磅），每天喂食总量是体重的 5%（即 2.5 磅或 1135 克），这是每天要喂食的食物总量；食物总量的 60% 是 681 克（1.5 磅），这是每天要喂的生骨肉分量；接着用 681 克除以 85 克（一个鸡翅的重量），就得出每天需要喂食的鸡翅数量为 8 个。这意味着可以早上喂 4 个，晚上喂 4 个。

同理，鸡脖子的平均重量约为 42.6 克（1.5 盎司）。对一只 23 千克（50 磅）体重的狗狗来说，每天需要 16 个鸡脖子（可分成两次喂）。我们也可以用这种方法对其他生骨肉食材做同样的计算。

随着时间推移，当这一切都成为直觉或习惯时，就不用计算了！

第十二章
生骨肉饮食的常见问题及解决方案

如何应对这些问题呢?

在本章中,我将与大家一起探讨铲屎官们经常会遇到的
问题,以及宠物第一次换食到生骨肉饮食时的常见问题。

我们将从胃肠道开始和结束本章。食物相关问题最直接
体现在胃肠道,而且经由胃肠道处理过的食物,能为铲屎官
判断宠物状况提供巨大线索。

急性胃肠道不适

猫咪和狗狗在饮食发生巨大变化后,肚子不舒服的情况
是常见的。宠物转换为生骨肉时,最常见问题之一是狗狗或

猫咪在这个换食阶段，出现软便或腹泻。

腹泻

这是我给大家说明的最坏的情况。如果宠物正在发烧，并产生恶臭腹泻、脱水和昏睡，或者出现粪便中带血的情况，这时候应该马上带它去看兽医，因为这意味着宠物肠道被病菌感染。让我强调一下，这种情况发生的概率非常低。但是，如果这种情况发生在您的宠物身上，那么一定要检查并确认食材来源是否可靠——您能确定自己给宠物提供的食物是新鲜而不是"变质"的吗？这一点通常可以通过铲屎官的嗅觉来辨别。

宠物饮食的突然改变，更容易出现的是轻微腹泻。轻微腹泻通常不足以引起脱水，宠物依然是机智、警觉和活跃的，并且仍有食欲。

轻微腹泻通常可以通过 12 ～ 24 小时的短时间禁食来舒缓症状，然后再使用少量多餐的方式喂食。切记，不可用正常分量的餐食来解除禁食！

可以在食物中添加益生菌，无论是酸奶还是非乳制品的益生菌，每 2.3 千克（5 磅）宠物体重至少添加一调羹酸奶。无论作为预防还是治疗，这都是一个好办法。

如果腹泻是持续性的，或短时间内非常严重，宠物有可能存在一定程度的脱水和电解质失衡。这时只要宠物饮水时不呕吐，就可以从兽医或药剂师那里买一种电解质替代品添加到爱宠食物中，直至爱宠肠道恢复正常。

或者，也可以使用家常食材制作一个简单配方：一杯250毫升的红茶、一杯250毫升的稀饭（稀饭中含有一种淀粉，它可以在肠道内形成保护膜）、半个柠檬的柠檬汁和一茶匙的食盐。

当然，如果腹泻还是稳定不下来，就需要咨询兽医了。

同时试着弄清楚以下问题：宠物是否吃得太多、食物是不是太油腻了、是否有太多的蔬菜、是否使用了其他营养补充品、宠物的肠道是否无法同时处理生鲜食材和商品干粮……腹泻的原因可能涵盖以上所有因素。另外重点提醒的是，要加倍留心生鲜食材的来源。这些生鲜食材是从可靠的地方购买的吗？食材是新鲜可口的吗？喂食前我们要闻一下给宠物的每一样食材，根据长期经验，这是一个辨别食材新鲜度的好办法。

肉饼的配方要简单化！

导致猫狗肠胃不适的最常见情况之一，是从换食第一天起，肠胃里就被塞满了添加了五花八门补充剂的混合肉饼。

如果您确实这样做了，最简单的处理方法就是让出现问题的宠物禁食 1 ~ 2 天，让它的肠胃休息一下。在此期间喂食纯酸奶通常是有益的。接下来，喂食清淡一些的生骨肉混合肉饼，或整块的生肉和生骨头。就这样喂几天，直到宠物粪便的形状正常，才可以慢慢地添加其他想要添加的成分。如果您觉得酸奶或益生菌对宠物有好处，可以长期喂。

请保持配方的连贯性！

"快速换食法"的初期，若每天喂食截然不同的食材，也是不可取的，会引起胃肠道的不适。尤其是那些吃惯了商品粮的老年狗狗，它们的一生可能都在吃深加工粮。通常情况下，建议宠物在换食初期先吃不含任何补充剂的、纯粹的原味生骨肉，整块的或捣碎都行。建议添加一些益生菌（见第六章）和一些榆树皮粉。另外，别忘了把一天的食物分成若干小顿，少量多餐。

坚持这种方法，一直到猫咪和狗狗完全适应了生骨肉饮食。我的黄金法则是，谨慎且慢慢地改变食材。这种情形下的金科玉律是谨慎而渐进式的换食。一旦宠物大便成形良好，就可以开始慢慢地在饮食中添加任何其他你想要添加的成分了。

使胃肠道恢复的其他方法

换食后，宠物的肠道可能需要几周时间才能适应。有时候某些肠道小问题会持续困扰着我们和宠物，这时建议在生骨肉饮食的基础上，添加消化酶、益生菌和榆树皮粉。一般来说，通常需要经过几个星期的饮食调整，宠物肠道才会恢复正常。

如果经过几周努力，宠物的大便仍然不太正常，这只宠物就可能有某种形式的食物过敏。可以采取"食物排除法"（见下文），或向有丰富生骨肉饮食知识的兽医咨询。

以生骨肉喂养的宠物，也会存在过敏问题。通常要么是皮肤问题，要么是肠道问题，或者是两者兼而有之。在这种情况下，无论是皮肤瘙痒还是腹泻通常都意味着对其中一种被喂食的蛋白质有过敏反应。这种蛋白质必须被排查并剔除。

食物排除法

宠物可能对鸡蛋、鸡肉、猪肉、牛肉、火鸡、羊肉或其他食物过敏。大多数情况下，宠物会对吃过或接触了很长时间的蛋白质过敏。常见的蛋白质过敏原是牛肉，因为牛肉不仅存在于大多数宠物食品中，还用于生产疫苗。

这时您必须为宠物选择一种新的蛋白质来源，要么是宠物从未接触过的蛋白质来源，要么是最近才加入饮食中的蛋白质来源。就澳大利亚而言，可能是火鸡或猪肉。

排除食物过敏原时，首先只喂单一蛋白质来源的食材，同时剔除其他蔬菜和各种营养补充剂，动物内脏也必须被剔除。我们总是会忽略一直在喂的酵母，酵母也是一种蛋白质来源，所以酵母也是常见的过敏原之一。

这种食材排除法至少要持续3周，最好是1个月。观察过敏症状是否缓解，如果没有变化，那就换一种新的蛋白质来源，直到我们发现一种能解决问题的蛋白质食材。

一旦找到合适的"非过敏"蛋白质来源，坚持使用1个月，然后才可以一次一种地添加新的食材成分。在加入每一种新的成分后，相同配方至少要持续一周，看看是否有过敏反应。

呕吐问题

如果宠物偶尔吐出未消化的骨头，请您不要惊慌。一旦宠物的消化系统适应了如何处理生骨头，这种情况就不太会经常出现。如果这个问题持续发生，那么建议先把生骨头磨碎再喂。

如果宠物只在喂食一种特定动物的骨头或肉时呕吐，那么您的爱宠可能是对该动物有过敏反应。例如，如果宠物只对猪骨头呕吐，那它可能是对猪肉过敏，这种情况下就不要再喂猪骨头了。

如果宠物每次吃完生骨肉混合肉饼后，都会发生呕吐，这可能表明它对一种或多种食材是不耐受的。在这种情况下，您将不得不进行"食物排除法"（见上文）。

另一个可能导致呕吐的原因是您的宠物不接受肥肉。这种呕吐的现象，经常发生在饮食被转换成以羊肉为主的宠物身上。如果是这样的话，最简单的解决办法就是不喂食羊肉，或者尝试不那么肥的羊肉。

如果持续呕吐导致宠物已经 12 小时没有进食，请及时咨询兽医。持续呕吐会导致宠物的电解质失衡和脱水，最严重的情况是出现肠道阻塞。喂食软骨而导致肠道阻塞的情况是非常罕见的，但仍然不能忽视这种可能性。很多时候，还会涉及其他因素，例如未经处理且含有蛔虫的食材也会堵塞幼宠的肠道。

如果是老年犬，还要留意胰腺炎……

注意发生胰腺炎的可能性

请注意，一些年龄较大、经常超重的狗狗（狗狗比猫咪更常见），长期吃低脂肪低质量的商品干粮为主食，如果这时将食物替换成脂肪含量过高的生骨肉，就容易导致其患上胰腺炎。羊肉就容易导致这样的问题，一些脂肪含量高的鸡架或鸡脖子也是诱发胰腺炎的食物。

如果狗狗符合以下一个或多个情形，那就可以按胰腺炎来预处理了：

· 狗狗过去曾经得过胰腺炎。

· 容易患胰腺炎的特定品种（如喜乐蒂牧羊犬）。

· 体重超重的中年狗狗。

如果狗狗有患胰腺炎的风险，必须选择以瘦肉为主的生骨肉配方，同时把蔬菜的含量翻倍，把骨头的含量减半，把食物磨碎，每天喂 3 ~ 4 次。

尝试将宠物的生活压力降到最低，并根据第六章的建议方法，在食物中添加消化酶。这样做不仅可以避免胰腺炎，还可以保证狗狗健康和长寿。

拒绝进食

宠物对生骨肉的初次反应可能是立即接受，这在更年轻、更活跃的大型犬中尤其明显。然而，许多小型犬，尤其是挑食的猫狗，它们初次接触生骨肉的反应可能并不如我们期望的那样。宠物可能会向我们表现出，它们认定碗里的东西并不是食物，所以不想做出任何的尝试！

蔬菜本身就可能完全让它们"扫兴"，而生骨头也常常会引起宠物认知上的矛盾。大多数狗狗似乎知道，这些外表漂亮且气味好闻的食物初步判断是蛮不错的，但是有些狗狗却不知道怎么吃，所以第一次接触就不会轻易尝试。这会让宠物产生保护食物、藏匿食物，甚至打斗的行为，但就是不会大量进食。

如果发生上述现象，请不要担心。

如果您的猫狗特别固执，不吃新食物，你还可以探索新的换食方法。

> 您要做的就是不放弃，坚定杜绝不健康的食物。这是一场您必须打赢的战争！

您的爱宠真的饿吗？

尽管许多铲屎官尝试接受进化式饮食，但他们仍然会继续让狗狗吃商品干粮，同时又尝试让宠物转换成生骨肉饮食。"只是为了确保宠物不会挨饿，还要确保宠物能获得完整的维生素！"的确，老习惯和旧信仰是很难撼动的，这一点在猫咪铲屎官身上表现得特别明显——猫咪是会对干粮完全着迷且无法自拔的。

尝试将猫咪的饮食转换成生骨肉饮食的同时，持续提供干粮，最终结果就是整个换食计划失败。切记，最后一定要将干粮彻底舍弃！

现在，我们将分享一些技巧，让您和宠物体验换食的成功。

禁食是个好方法

让狗狗禁食一两天会让换食顺利很多。然而，将猫特别是胖猫禁食超过 24 小时，甚至 48 小时，这绝不是一个好主意。在饥饿条件下，猫有可能患上致命的脂肪肝。

当猫咪对新食物表现出完全拒绝的态度时，您会怎么做？不管我们将新食物伪装得多么彻底，或在旧食物里添加多么微量的新食物，但猫咪就是完全拒绝新食物时，我们该怎么办呢？在再次尝试之前，先让它们吃点儿喜欢的食物，而不是让它们挨饿！

重要的是铲屎官要明白，当您想将猫咪的饮食换成生骨肉饮食时，需要极大的耐心。一种成功运用过的策略是，每天准备一个新鲜鸡翅，放在猫咪原本的干粮旁边或直接放在干粮里头。这个策略可能需要数周，但最终猫咪还是尝试了鸡翅。在这个诱导过程中，重要的是只能提供少量的商品猫粮。特别固执的铲屎官必须要比同样固执的猫咪更加坚定，也许第三周猫咪就开始享受生鲜美味的鸡翅了。

让生骨肉食材更具吸引力

我们怎样才能使生骨肉食材更有吸引力呢？通常情况下，我们只需要用菜刀在生骨肉食材的表皮上简单划几刀，使食材露出一些肉，或者用锤子或菜刀把整个生骨肉食材都敲碎，使食材同时露出生肉和生骨头。对一只狂热于某种品牌罐头的猫咪来说，把罐头内的食物涂抹在破损的生骨肉食材内，可以让猫咪对生骨肉食材产生兴趣。

将生骨肉加热到体温（但不要煮熟），以模仿新鲜猎物。具体做法是用热水浸泡密封在塑料袋内的生骨肉（确保鲜美的汁液不会流失），这样做会带来翻天覆地的变化。就个人而言，因为我很懒，我经常把生骨肉放在微波炉里加热数秒——只需数秒、达到体温就够了。这种微波加热法从来没遇到过任何喂食问题。

鸡翅可以在烤架下烤上 15 ~ 30 秒，只需烤熟表面的肉就行，而不是里面的骨头。这对那些青睐煮熟食品或烧烤的宠物来说，是很好的方法。如果这些策略成功了，您可以逐渐减少烹制食物"表面"，直至完全喂生食。

如果宠物喜欢吃人类食物，可以把人类食物涂抹在鸡翅或任何您想让它吃的食物上。利用您对宠物的了解，去创造和赢得它们的胃口，您能成功的！

研磨与搅拌

面对"沉迷不健康食物"的宠物，首先要喂食宠物喜欢的食物（深加工的或人类的食物）。这可能是罐头宠物食品、熟的汉堡碎屑、浸泡过的干粮、罐头沙丁鱼或三文鱼。在宠物喜爱的食物基础上，加入少量被磨碎的新食物并充分混合，如果宠物接受了，那就逐渐增加新食物的分量。记住，建议把上述各种办法结合起来，如禁食和加热食物。这是让一只不吃蔬菜的狗狗，变成一只热爱蔬菜的狗狗的好方法。同时，这也是能让固执猫咪改变饮食的有效方法。

> 一定要有耐心、不放弃，要有创造力，用不了几天或几周，宠物就会享受进化式饮食了。

有的狗狗会试图吞下整块骨头！

它们这样做的一个原因是，在狗狗过去的生活中，从来没有真正品尝过任何食物；另一个原因则是饥饿；还有一个原因是，狗狗能一眼就识别出骨头是一种美味的食物。狗狗通过行为，最终能让铲屎官明白该提供什么食物。相比之下，猫会仔细品尝食物。

如果狗狗试图吞下整块骨头，然后又吐出来。这时不要惊慌，狗狗的身体结构能够吐出任何无法吞咽的东西。只要狗狗不呛到导致窒息就没有问题。如果你想帮助它，那就去帮吧，其实就算不帮它，它自己也会把骨头吐出来的。

如果狗狗真的反刍出了那块骨头，请允许它重新咀嚼并尝试再次吞咽，尽管这看起来有点恶心。反刍的骨头上裹着一层黏液，可以帮助食物更顺利地再次进入狗狗的胃里。这是铲屎官的一个学习过程，适应了就好，不要让这种看起来恶心的表象影响到了您。

许多铲屎官目睹上述情况时，会试图抓住骨头（通常是鸡翅），以防止狗狗吞咽，然而这一行为只会使狗狗更加努力地咀嚼骨头，也容易伤到铲屎官的手指。

吞食整块骨头一般是不会有危险的

大多数狗狗都可以吞下一块大小合适的完整生骨头（通常是鸡翅或鸡脖子）而不会有任何问题或危险，然后再很容易地消化它。相比之下，绝大多数的猫咪都太聪明了，甚至连试都不肯去试这种"荒谬"的行为。

但是，偶尔也会有狗狗吞下一整块骨头时，出现了问题。问题出在骨头的大小，可能刚好卡在口腔与胃相连的食道中。更糟的是，大小合适的骨头会被吸入气管，这就出大事了！在这方面，火鸡脖子似乎是罪魁祸首。

这就是为什么该给狗狗认真挑选第一根骨头的原因！骨头要么足够大，大到狗狗必须咀嚼它们；要么足够小，小到可以被整根吞下而没有害处。例如，大丹犬可以很容易地吞下整只鸡脖子。

然而，重要的是要教会那些贪吃的狗狗，应该嚼碎骨头！幸运的是，对大多数狗狗来说，嚼碎骨头是一种本能，因为它们拥有完美的牙齿和下颚。大多数狗狗会很快学会将骨头嚼成更容易处理的碎片，以方便吞咽，尽管这项技能可能需要多番尝试才能掌握要领。

防止狗狗贪婪地吞下生骨肉食材，并试着让它真正咀嚼骨头的最简单的方法之一就是消除它的饥饿感。换句话说，在喂生骨肉食材前，先喂它点儿别的食物，让它的饥饿感消失。例如，在提供生骨头之前，先喂它一块生骨肉混合肉饼。但请不要喂太多的生骨肉混合肉饼，那样会让它完全感觉不到饥饿，它就不会吞咽也不会咀嚼骨头，甚至还会将骨头叼走并掩埋！

如果您的狗狗是慢热型的，建议提供更大块的生骨肉食材，这通常是让狗狗彻底练习如何咀嚼骨头的唯一方法。另外，大型犬的铲屎官经常说他们的狗狗可以安全地吞下并消化整块的鸡脖子和鸡翅，而不需要任何咀嚼。无论是一直吃生骨头的狗狗，还是吃了一辈子干粮的狗狗，绝大多数健康的狗狗都保留着分解、处理、咀嚼骨头的天赋。

宠物起初爱吃的食材在一段时间后拒绝再吃

许多铲屎官说，他们的宠物一开始很喜欢某种新食物，但一两周后，就再也不吃了，拒绝接受这种新食物。这是为什么呢？原因其实很简单，对大多数宠物来说，饥饿一直伴随着它们，而这一次，它们感受到了有生以来第一次满足。

这引起了许多铲屎官的恐慌，因为他们习惯了一只总是祈求食物的宠物，他们误认为一只宠物就该吃个不停。在这一点上，许多铲屎官做出了让步，让宠物回到了它们原先吃的食物，比如商品干粮。这显然是错误的做法。24小时的禁食对提高宠物的食欲有重大意义，也是提供不同版本生骨肉的机会，生骨肉的多样化肯定会激发它的食欲，有助于确保饮食均衡。在这方面，宠物和我们人类并没有什么不同。

另外要注意，猫咪会无缘无故地周期性地停止进食。这可以看作是它们确实需要短暂禁食一下的最好信号，禁食之后就是换新食物的时机了。换位思考，如果我们是一只猫，多样化的饮食绝对是生活的调味品。

生骨肉带来的体重下降

宠物在其饮食换成生骨肉后的几周或几个月里，会经历一段时间的体重下降，这是很常见的现象。对肥胖宠物来说，这简直就是一大福音！和以前相比，体重下降会让有些铲屎官担心，但一般来说，除非喂得太少，否则它们不会瘦得惊人。

通常情况下，这只是一种刚好能看出来的体重下降。

如果发生这种情况，不必惊慌。大多数情况下，在最初的体重下降之后，紧接着又会上升并恢复到一个更为正常的体重。为什么宠物在初期体重会下降呢？不同的宠物原因各异，但仍可归为几种可能的原因。我认为最合理的解释是由于生骨肉中缺乏糖和淀粉导致脂肪减少而引起体重下降（这也算最理想的减肥形式）；另一个解释是，尽管和之前的干粮喂食量相比，生骨肉的分量貌似已经很大，但这些生骨肉仍然是不够的。使宠物保持在理想体重水平所需的干粮体积或重量相当于生骨肉的三分之一。换句话说，你需要给宠物喂食大约 3 倍的新食物，才能提供与之前同等水平的热量。

体重下降还可能是由于新食物中所含的脂肪不够。脂肪不够有多方面原因，大部分是因为未能充分理解生骨肉饮食的基本原理，例如，饮食中脂肪不够可能是由于没有足够的骨头，而骨头的脂肪含量丰富；脂肪不够还可能是因为喂的肉太瘦了，或者未能添加足够的健康脂肪。各位铲屎官随着生骨肉喂养经验的增长，会渐渐明白需要多少分量的生骨肉食材，并明白如何调整配方中骨头、蔬菜、肉类、内脏、脂肪和脂肪酸营养补充剂的比例。

几个月后通常会发现，我们的宠物变得苗条了，肌肉变得紧致而发达了，这其实才是更健康的身体状态。我们还能见到它们的毛皮大衣厚重而华丽、光滑而没有污垢。综合来说，铲屎官们都会发现宠物现在更有活力了，老年狗狗也会重新获得年轻时所拥有的体能。

> 在成功解决了体重下降问题之后，另一个截然相反的问题又会接踵而至，这种体重摇摆不定的情况并不鲜见……

啊哈，爱宠长胖了！

这是体重下降的后一个阶段。有一天你突然意识到，在生骨肉饮食后 6 ~ 12 个月，宠物超重了。请不要惊慌，解决办法很简单。

如果是狗狗发生这种情况，应该是运动方面有所松懈了，这时就需要加强锻炼了。无论是狗还是猫，您可能都需要减少喂食量或喂它们热量低和淀粉少的食材。淀粉和糖将以脂肪的形式储存在体内，那您有没有喂过含淀粉或含糖的食物呢？

因为生骨头的脂肪含量很高，所以热量也很高。我们也有必要减少生骨头的比例，直到宠物体重正常为止。

另外，配方中的肉是不是太肥了？如果是的话，那就用瘦一点的肉吧！您是否在配方中削减了绿叶蔬菜？如果是的话，狗狗的饮食配方中可把绿叶蔬菜作为主要食材，猫咪的配方在猫能接受的前提下尽可能多加蔬菜。您给宠物喂过高淀粉食物吗？请立即去除淀粉，同时减少骨头的量，毕竟骨头中脂肪丰富。请不要快速减肥，最好的方法是缓慢而平稳地减肥——这种方法既简单、合理，又安全。

> 最简单的减肥规则：根据宠物的体重和状况来调整食材、分量和喂食频率，同时保证狗狗有足够的运动。在配方中增加绿叶蔬菜，让宠物多吃瘦肉，少吃骨头，从而降低脂肪摄入。最后，坚决不喂食任何含有大量淀粉或糖类的食材，每餐分量少一点，喂食频率低一点，让宠物多走一点路。你甚至可以带猫咪一起去散步！但要小心运动过量，和人类过度运动会造成伤害一个道理，活动量过大与其说是在锻炼宠物，不如说是在伤害宠物。
>
> 为了避免肥胖，您必须每周至少仔细观察或给宠物称重一次。一定要根据宠物的理想体重和健康状况来调整饮食，也要确保宠物定期锻炼。

排便困难

人们已经习惯看到长期食用干粮的宠物，可以相对轻松地拉出柔软（但极臭）的粪便。这里我想要重点说明的是，当宠物以生骨肉为食，尤其是摄入大量生骨头时，出现一点排便困难是正常的。喂生骨头虽然会使宠物粪便变硬，但这种硬便有助于排空肛门囊。换句话说，喂生骨头可以维持宠物肛门囊的健康。

如果猫狗真的便秘了，这意味着喂的生骨头太多了（或骨头上的肉太少），并且没有足够的水果、蔬菜或食用油。

解决方案很简单，只需要一剂食用油，可以是特级初榨橄榄油或亚麻籽油。对于中型犬，每天服用 10～15 毫升（1/3盎司到半盎司），分 3～4 次服用；对于普通大小的猫，每天服用一小匙，分 3～4 次服用。避免使用石蜡油，那是一种矿物油，既没有营养价值也会带走宠物体内的脂溶性营养素。

也可以试试西梅和酸奶打成的浆，每天分 3～4 次给宠物服用。此方很有效。在北美，人们最喜欢的一种秘方是在原味南瓜（罐头／熟食）中掺入纯酸奶和适量的榆树皮粉，一天喂食数次，直到肠胃恢复正常为止。如果上述措施都不见效，就要带宠物去看兽医，甚至还要进行灌肠。

> 然而，当一只猫咪或狗狗已经患上严重便秘时，该怎么办？生骨肉饮食还要继续吗？

作为在这个领域长期从事预防保健的工作者，我建议的简单做法是：在宠物饮食中添加更多的蔬菜，或使用软一点儿的骨头。如果问题很严重，一定要从饮食中剔除整块的骨头。相反地，要在含有油、大量蔬菜和少许骨头的混合肉饼中添加骨头粉。此外，可以考虑常规剂量的鳕鱼肝油、亚麻籽油（破壁亚麻籽本身也被证明促进肠道健康、值得添加）。此外还有两种有价值的成分：一是酸奶（作为有益于肠道健康的益生菌的一个来源）；二是榆树皮粉，这种草药对帮助正常排便大有裨益。

一般有三类宠物容易便秘或肠梗阻，包括年龄较大的宠物（随着年龄增长，它们的肠道会变得迟钝，哪怕是生骨肉饮食的宠物也一样）、有背部问题的宠物和有肠道问题的宠物（例如患有多种炎症性肠道疾病的宠物，或患有"巨结肠症"的猫咪）。

如果您的宠物属于这些类别中的一种，或者其他任何原因容易出现便秘或阻塞，最好使用专门调整过的生骨肉配方来喂食，以克服这一问题。

要特别注意的是，喂食用的骨头类型至关重要。煮熟的骨头因容易造成肠阻塞而臭名昭著，必须避免。如果骨头太硬或骨头上的肉太少，肠阻塞的概率也会更大。

建议使用像猪小排或者鸡脖子这样的软骨。

生骨头的喂食量显然也是便秘的一个因素。当一只老年犬（或生病的狗狗）或一只前列腺肿大的狗狗被喂上几顿含有大量骨头的食物时，肠梗阻的概率暴增，几乎难以避免。相反地，经过适当调整的生骨肉饮食配方将会延续宠物的活力快乐。

您自制的混合肉饼应该只含有少量的脆软而带肉的生骨头，例如，15% ~ 30% 的鸡脖子而不是 60%，内脏应该增加到 20% ~ 25%，水果从 5% 增加到 10%，蔬菜提高到 25% 或更多！确保这种混合肉饼含有极好的抗便秘（促进肠道健康）成分，如亚麻籽、健康油脂（参见第六章）、酸奶、榆树皮粉、浸透过的榨碎的干果、西梅汁、红树莓叶等。最后，问问兽医或其他健康专家，看能否获得一些消化酶，将消化酶碾成粉末并拌入（加热至体温的）肉饼中，15 分钟后再喂食。

正如你所看到的，我们可以把这种令人沮丧的情况（便秘和其他肠道问题）变成一个促进健康的机会。

在宠物粪便中发现了锋利的骨头碎片

这是一种在刚换成生骨肉的铲屎官中比较常见的抱怨、哭诉或担忧，他们的生骨肉中含有整块未绞碎的生骨头（通常是鸡翅）。如果这些铲屎官连续几周持续观察宠物粪便的话，会发现骨头碎片越来越少，直至完全消失，因为骨头被消化了。最后观察到的粪便具有白色粉笔般的颜色及稳定性，这是喂食生骨肉宠物的粪便特征。更多有关"白色粪便"的问题，将在本章最后讨论。

如果您曾在宠物粪便中偶然发现了一只小鱼叉，那么您会更惊奇地知道，宠物身体是可以让尖锐物体通过消化系统的，不会对宠物造成任何伤害！因此请各位铲屎官放心，您在粪便中发现的尖锐骨头碎片，只是宠物的身体正在学习如何消化吸收生骨头的过程而已。在正常情况下，宠物会逐渐适应食物中的骨头。

如果这些骨头碎片真的让您担心，那么我建议先把骨头磨碎喂食一个月，然后再试着喂整块骨头。其实用不了几天你就会发现问题已经解决了。

有些宠物改食生骨肉后看上去糟透了

经常听到这样的话："我的朋友们用生骨肉喂养的宠物似乎都焕发新生了，但是我的猫咪 / 狗狗却看起来糟糕透了。这是为什么？我做错了什么？"

现在初步假设您做的每件事都是正确的，并且也是按照一个恰当版本的生骨肉配方给宠物喂食，那么您的爱宠完全有可能正在经历一次排毒。虽然这并不常见，但我在临床中收集到的案例数量，足以表明这是一种真实存在的现象。宠物肝脏、脂肪和骨头中所囤积的大量毒素，正被大量释放并出现在消化系统中，从而令宠物感到不适。您所看到的糟糕状况大多体现在排毒器官，包括皮肤、肺脏、肠道、肾脏及膀胱，这些排毒器官几乎可以影响到身体的任一功能系统，导致体重下降（个别时候体重增加）、无精打采、昏昏欲睡，甚至关节疼痛。

皮肤症状包括皮肤瘙痒，带有干燥、暗淡的痂并蜕皮，同时可能伴有皮屑；肠道症状可能包括口臭和拉稀；肾的症状可能包括尿液发臭而混浊，可能还有膀胱炎；鼻子和眼睛附近经常会有分泌物。

经常洗澡和梳理会改善皮肤问题，兽医也可以提供清洁耳朵和眼睛的服务。如果宠物得了膀胱炎，则需要适当地检查和治疗。

改变宠物的生骨肉配方是必要的。对于狗，建议增加蔬菜（不超过 50%），增加水果（不超过 15%），减少生骨头（降至 25%），完全不要内脏，添加非酸性的 B 族维生素和维生素 C。我还建议（例如，对于中型犬），每周添加 1 粒月见草油胶囊，每天添加 2 小茶匙三文鱼油、1 小茶匙鳕鱼肝油和 400 国际单位（IU）的维生素 E。有关狗狗的必需脂肪酸信息，参阅第六章。

对于猫咪，增加蔬菜和水果成分（不超过 20%——除非猫咪能接受更高的比例），内脏减半，添加非酸性的 B 族维生素和维生素 C，添加鳕鱼肝油和三文鱼油——补充适量的维生素 E。有关猫猫的必需脂肪酸和维生素 E 的信息，请参阅第六章。

如果修改生骨肉配方后宠物还是便秘，那就再减少骨头，增加蔬菜水果，同时额外再加点油脂。

无论宠物是拉稀还是便秘，都可以添加酸奶、榆树皮粉和碾碎的消化酶片。

预计所有这些症状都将在 3 ~ 6 周内消失。如果超过了这一时间症状仍然持续，就要考虑宠物对食物过敏了。如果出现这种情况，建议进行"食物排除法"。如果所有这些都不见效，建议咨询有生骨肉饮食经验的兽医。

宠物的粪便变白了，这正常吗？

答案是肯定的，非常正常！猫咪和狗狗一旦习惯了生骨肉饮食，就会产生臭味很小的粪便，这些粪便的主要成分是未完全消化吸收的骨头——这是粪便变白的原因。这些粪便不仅没有什么臭味，而且很容易分解，很快就会作为有用的肥料回归大地。即便喂食的生骨肉中不含骨头，宠物粪便仍然会是少量且无毒无害的。粪便颜色的深浅，反映宠物吃了什么样的食物，这与吃干粮的宠物的粪便形成了鲜明对比。吃干粮的宠物的粪便又多又臭，还难以分解，因为里面满含着防腐剂；它们遗落一地、制造污染、传播疾病，给社会带来很大影响。

我们乐于看到这些白色的小粪便，这意味着我们的宠物正享用大自然的馈赠！

第十三章
从现在开始，喂生骨肉！

为新到家的猫咪或狗狗开启生骨肉之旅！

让喂生骨肉成为饲养新宠物的开端是非常重要的。生骨肉的最大魅力在于预防癌症，这是最重要的但不是唯一的益处。我们现在已经知道癌症是一个多阶段的过程，在真正威胁生命之前，必须先从一个单细胞产生突变，再经历多个不同的演变，在若干年后癌症才会威胁到生命。如果我们想要避免宠物遭受这种灾难，其中一个最好的策略就是给它们提供一种可以刺激免疫、高度保护生物体，且从一开始就含有最少的致癌物质的饮食。唯一符合这些标准的饮食，当然是进化式饮食或生骨肉饮食。

请将本章与第九章、第十章、第十一章、第十二章连起来一起阅读。

当幼猫幼犬刚到家时，不要急着去喂食

首先，请安顿好家庭新成员，让它感受到家的温暖。接着，让它探索与熟悉新环境，有些幼猫、幼犬会打个盹，这时我们需要给它准备点好水。无论您提供什么食物，都可能被新伙伴拒绝。如果我们允许初来乍到的幼猫幼犬不限制饮食的话，往往它们会吃得太多。当它们最终意识到已经离开原本熟悉的环境时，在未来 24 小时内，它们就会陷入沮丧失落的情绪之中。接着它们可能就会拒绝进食，有时还会拉稀。此时的任何肠胃不适通常出于多种原因，可能包括暴饮暴食、免疫力抑制，甚至蛔虫——如果忽视了驱虫的话。这些因素结合在一起，将会招致细菌的侵袭，这对于小家伙尚未发育完全的免疫系统会是空前的挑战。

> 如果新宠到家中后不久就出现拉稀或呕吐等症状，我强烈建议您带它去看一下兽医。

因为现今大多数的宠物，都是通过深加工宠物粮来断奶

的。所以如果您要喂生骨肉，必须决定使用哪种换食方法将深加工宠物粮变成生骨肉。如果幼犬或幼猫已经开始体验生骨肉饮食了，那您的任务就简单得多了。但如果我们饲养的是一只刚断奶的宠物，您的任务就繁重得多了。一方面，刚断奶的宠物的消化系统，还没有足够时间来适应深加工宠物粮。另一方面，您应该也意识到，与健康成年的动物相比，年幼动物的消化系统更容易出现紊乱。

综上所述，我建议的原则是，如果新萌宠相当健康，一只健康的幼犬或幼猫可以参照成年犬、猫的换食方法。

要么采取快速换食法，要么保持已有的生骨肉饮食

换句话说，从提供给新的幼犬或幼猫的第一顿饭开始，就可以为它设计一个合理的生骨肉食谱。如果您还没有这样做，请参阅有关换食的章节。我在这里所说的内容同样适用其他幼年宠物。

这意味着无论新萌宠之前吃过什么，都不能过度喂食，控制暴饮暴食是有益的——要少食多餐，而不宜大吃特吃。抽点时间，去研究点食物新花样吧！

最好的食物是一种基础型的生骨肉肉饼，或者是一块完整的生骨肉食材，如鸡翅或鸡脖子。

请注意，即使新萌宠已经在按生骨肉喂养了，仍然有可能出现肠胃不适。

一日几餐为宜?

3个月及以下的幼猫每天可以喂4～5次，3～6个月的幼猫每天喂3～4次，6个月以上的幼猫每天喂2～3次。

3个月及以下的幼犬每天可以喂4次；3～6个月的幼犬每天最多喂3次；6个月以上的幼犬每天喂2次。

当幼犬是一日三餐时，建议保证60%以上的生骨肉食材。一个简单方法是确保三餐中的两餐要么是生骨肉食材，要么是混合肉饼。方便起见，我建议把另一餐也做成混合肉饼。如果幼犬不能吃整块骨头，就用锤子把骨头（如翅膀或脖子）敲碎。这道工序通常不需要很久，就没必要继续做了。

幼猫或幼犬可以每天喂3～4次混合肉饼，其中1～2次可以用生骨肉食材做的简单肉饼。当幼猫或幼犬长大后，你应该将其中的一餐或多餐以碎鸡翅或鸡脖取代肉饼，让它们开始习惯吃直接的生骨肉食材。

幼犬的骨骼疾病

让幼犬慢慢成长，且一直保持精壮的身材，对幼犬的骨骼和关节健康，以及预防骨骼疾病是非常重要的。

用生骨肉喂养的幼犬自然会生长得较缓慢，但体型更匀称，并不会像吃商品干粮的狗狗那样，出现明显的爆发式成长。用生骨肉喂养的宠物不会快速进入成熟期，它们会在一段时间内保持年轻的外表。用生骨肉喂养的幼犬和幼猫，通常因为生长缓慢不会在大展上拿到大奖。但也正是因为上述这些看似缺点的特征，让吃生骨肉的幼犬顺其自然地、不知不觉地在体型和力量上达到其潜在的终极状态，只是过程缓慢而已。一旦生骨肉喂养的宠物完全成熟，它们将拥有更完美的体魄、更健康的关节、更强壮的肌肉、更长的寿命，且更不容易患上退行性疾病。这时的宠物，将完胜各种大展上的宠物。

> 注意，即使是生骨肉喂养的幼犬，也仍然有被过度喂食的可能！

所以请看护好您的小狗狗，让它保持身材修长、活力四射。记住，最佳的运动、最安全的运动，同时也是唯一推荐适用于幼犬的运动，就是玩耍。但这并不是指体型或年龄较大的、强壮的小狗狗或成年狗那种粗野的玩耍方式。这种运动的活动量必须与小狗狗的年龄、体重相匹配。

如果您有一只长得特别快的巨型幼犬

若它的生长速度太快，它的关节可能会感到疼痛。铲屎官要做的就是，在幼犬小的时候，严格控制它的饮食。去掉所有的营养补充剂，考虑只单纯喂养绿叶蔬菜泥，持续 10 ～ 14 天（或者更长的时间）。给幼犬一个笼子或围栏，让它在里面好好休息。如果幼犬因为新的环境而拒绝进食，也不要哄它吃；相反地，用餐时间一过就把食物全部拿走，12 小时后再次提供新鲜食物，反复持续两三天后，幼犬就会吃您提供的任何食物。

根据幼犬对食物的不同反应程度，小心且缓慢地在蔬菜型肉饼中，逐渐加入少量完全磨碎的生骨肉食材。首先加入 10% 磨碎的生骨肉食材。

磨碎的生骨肉食材应该以生骨头为主。也就是说，肉和骨头的比例建议是 3 ：7。让生骨肉的配方保持 10% 的生骨肉食材和 90% 的蔬菜泥，至少持续一周。同时请继续让它待在笼子或围栏里。根据幼犬的反应，在接下来的几周内，逐步将肉和骨头的比例增加到30%。同时，小心地让幼犬进行较温和的步行运动。

逐渐增加肉和骨头以及锻炼的时期到底要持续多久？这个答案只能根据幼犬的具体情况来判定，可能需要几周或者几个月，甚至更长的时间，才能达到30%的生骨肉食材添加量。同时，幼犬正在进行的运动，也可以根据幼犬情况进行调整。

将绿叶蔬菜泥保持在70%（掺入30%的生肉和生骨头，肉和骨的配比为3：7），在几周到几个月里不改变这一配方，而配方维持的时间长短取决于幼犬的反应，直到幼犬逐渐适应基础的生骨头饮食和正常的运动。

当幼猫或幼犬进入成长缓慢期，一定要减少喂食量！

对一只成年的狗狗或猫咪来说，理想体重就是在它年轻貌美时所达到的体重。

用生骨肉喂养的幼猫几乎不可能长胖，那些超重的成年猫咪是由于饮食中过高的碳水化合物（现代深加工食品）和明显的运动不足造成的。给猫咪的喂食量，也需要像给狗狗喂食那样根据外形、体重和日常活动而定。

最后一点建议

我能给大家最重要的临别赠言是：对一个正常的健康宠物，要用各种各样新鲜完整的生骨肉食材喂养，以模仿宠物进化式饮食，并确保饮食主要是基于生骨肉。

现在已经到了宠物进化营养学第三本书的结尾。我相信您会爱上这本书，并且希望它能对你有所帮助。我强烈建议您现在仔细重读本书，根据过往经验，我可以保证，第一次阅读时您会错过很多信息。

祝您和宠物——身体健康！

伊恩·毕林赫斯特

2001 年 9 月 19 日

致谢

本书源于 Brenda Hagel 的一个建议，正是她告诉我很有必要写这本书。自那时起，我亲爱的妻子 Roslyn（我最犀利的批评家及最坚定的支持者），便推动着此书的进展。在撰写本书期间，也得到了 Brenda、Dennis Hagel、Lily Noon 和 Rob Mueller 的大力协助。

我非常感谢线上、线下成千上万的生骨肉支持者以及他们的宠物，正是他们（它们）"告诉"了我该写些什么。

本书的编辑工作及批判式阅读是由我的兄弟 Rick、Brenda，爱妻 Roslyn，以及我们的女儿 Caelia 完成的。

作者 Ian Billinghurst 的其他著作

Give Your Dog a Bone，1993

Grow Your Pups with Bones，1998

Pointing the Bone at Cancer，2016

如欲订购这些书籍，请访问

www.drianbillinghurst.com

如对中文版有疑问，请联系

malcolm. geng @ gmail.com